译文科学

科学有温度

FRANS DE WAAL
CHIMPANZEE POLITICS:
POWER AND SEX AMONG APES

黑猩猩的政治

猿类社会中的权力与性

[美] 弗朗斯·德瓦尔 著

赵芊里 译

上海译文出版社

阿纳姆动物园内的室外圈养区是一块占地约 2 英亩的四周有护河环绕的林地。在这张照片中可以看到这个岛的三分之二的地方。

为了向动物园的游客和电视拍摄人员展示我们独一无二的喂养实验，我们安排了喂养时段，不过，我们颠倒了其中出现的人与猿的角色。这里，与猿在笼中而人在笼外不同的是，我们让饲养员莫妮卡待在笼中，以便得到笼子的保护。照片中她正努力使格律勒（她正抱着茹丝耶）将注意力放在活动的程序上。

18 岁时的尼基。

大妈妈，群体中的女家长。

8周大的时候，茹丝耶还受着人的照料。

　　耶罗恩——最年长的雄性，他是群体最初那些年头里的首领，其后很长时期内，他都保留着一种群体成员不能不认真对待的权力。

耶罗恩（右）朝弗朗耶展开双腿，向她呈现自己，弗朗耶没有理会耶罗恩的示意。

茨瓦尔特（右）看着乔纳斯捞护河里的食物。

都是 5 岁大的乌特（左）与乔纳斯正带着游戏表情在互相挠痒痒。

年轻的猩猩的面部色彩是淡棕色的，但这种面色长大后通常会变成黑色。这里是茨瓦尔特与她 1 岁大的女儿埠拉。

在鲁伊特做首领的短暂时期，尼基（左）给他鞠躬。尽管毛发竖立着的鲁伊特看起来更大，但实际上这两只雄黑猩猩的个头是差不多的。

　　在与雌性作战时，雄黑猩猩通常只用手与脚。在被鲁伊特用手掌打了之后，施嫔（右）正在表示抗议。他的巴掌是如此有力，以至于让她在沙地上接连打了几个滚。

　　由 4 个攻击者组成的一个联盟正在联合对付虚张声势地威胁着但却朝侧面跨步以躲避攻击的丹迪。从左到右：耶罗恩、格律勒、大妈妈、乌特、丹迪。

　　尼基正在吼叫着进行一场虚张声势的武力炫示，这是社会地位的攀登者们展示他们的抱负的通常方式。

在由尼基发起的一场攻击过后，尼基（中间，左边）与亨妮之间的一个嘴对嘴的吻标志着他们已经和解。大妈妈（左）与丹迪（右）在旁边看着。

成年雄黑猩猩之间的和解取决于谁先走第一步。尼基与鲁伊特在树上结束了他们之间的一场冲突，约十分钟后，尼基朝鲁伊特伸出了一只手。这张照片刚拍完，这两只雄黑猩猩就互相拥抱了对方并一起爬下了树。

　　耶罗恩与尼基正在展示他们之间的盟友关系。尼基从后面爬上并抱着耶罗恩（前）的背部，与此同时，他们一起朝他们的共同对手鲁伊特尖叫着。鲁伊特不在照片内。

在经历了漫长而多事的生涯后，现在，大妈妈已经老了，而且看上去也的确
如此。除了健康状况在日益恶化外，她仍然是群落中最有影响力的雌黑猩猩。

　　1997 年夏天，我回到阿纳姆猩猩群落，收集有关这本书中的一些主要"人物"的新照片。嘉木波的外貌实在让人大吃一惊，他的毛色是棕色与灰色的混合，这种毛色使得他在群落中显得很特别。他的母亲格律勒的毛色就是黑猩猩一般有的黑色，而群落中也没有一只可能是他父亲的黑猩猩的毛色像他一样。

　　比较琋拉18岁时的这张照片与她只有1岁大时拍的那张照片（本书中间的照片汇展部分），我们可以发现，琋拉现在已经像她的母亲茨瓦尔特一样黑了，她的名字的意思就是"黑"。

特普尔（右）与她的11岁大的女儿特妹阿。

"政治的根比人类更古老"

——《黑猩猩的政治》推荐序

德斯蒙德·莫利斯

这本大作传达的信息，用作者自己的话来说，就是："政治的根比人类更古老。"这是一个令我愉快的信息，不过我怀疑它恐怕会使许多人，包括我们这个时代的一些最重要的政治人物感到不快。

千百年来，人们都被告知，人与其他动物是根本不同的，他们只是没有理性的"野蛮的"兽类，而我们则有点像是下凡的天使。尽管这一事实——我们是上进了的猿而不是下凡的天使——听起来让人觉得不是滋味、看起来像是侵犯了人的尊严，但对我来说，将我们看作动物演化这一大光谱中的一个组成部分和曾经存在过的物种之中最不同寻常、最成功的一种，比那种企图让我们从这个星球上的自然生命主流中分离出来要更令人兴奋得多。

那些一直将我们放在一个特别受尊敬的位置上的人们自然会去寻求我们与猿类之间黑白分明的性质差异：人类是有艺术才能的，而猿类没有；人类是工具的制造者，而猿类不是；人类有语言，而猿类没有；人类是政治动物，而猿类不是。承认我们只不过在这些事情上比其他物种做得更好是不够的，为了满足某些哲学家的自负，人类与其他动物之间的性质差异一直不得不被看作要么全是要么全非（而非程度上）。

随着时光的流逝，这些看起来坚硬的差异逐渐软化并变得模糊起来。1950 年代，我已经能够证明黑猩猩所拥有的审美表达能力的萌芽。他们能以简单的素描与油画的形式绘制出看起来受意识控制的图案，能巧妙地处理那些看得见的思想，并通过改变来使得它们多样化。他们的艺术才能还是极为原始的，但的确存在着，我们与他们之间的差异只是程度上的。

1960 年代，简·古道尔勇敢地进行了对野生黑猩猩的研究，她成功地观察到，黑猩猩能够对探针状的树枝进行精加工，并用这种工具将白蚁从蚁穴中转移出来。作为工具的制造者，黑猩猩得以加入艺术家的行列。1970 年代，特丽克西·加德纳与她的丈夫一起设法教会了一只黑猩猩美国手语，因而，他们能够与他交流，其他的猿也跟着学会了。现在，事情已很清楚：黑猩猩能学会上百个不同的手势符号，并能将它们组合成简单的陈述或请求。一些语言学家因为这种动物不幸在语法和词序上有所欠缺而拒绝承认这些猿的成就是真正的语言。但这些批评中没有一个能抹杀这一显而易见的事实，我们与猿类在语言能力上的差异并不像人们以往所相信的那么明显。人类只不过比猿类做得好得多而已，人类与猿类并没有根本的区别。

现在，1980 年代，这一关于黑猩猩的政治的让人耳目一新并令人激动的研究成果终于面世了，它所传达的信息同样是清楚的。我们人与我们的多毛亲戚之间的距离其实比人们先前以为有的更近。在我们仔细研究过后，猿类就会向我们展示：他们是擅长精妙的政治策略的。他们的社会生活充满了权力接管、支配与被支配关系的网络、权力斗争、联盟、分而治之的策略、联合、争端仲裁、集体领导、特权与交易等等。那些会在人类的涉及权位的领域中出现的东西几乎没有什么是不能在一个黑猩猩群体的政治生活中发现其胚胎的。

要理解为什么只是到现在，到 1980 年代，这一此前一直未搞清楚的黑猩猩们的复杂行为才得以被分析并且发表，我们有必要来回顾一下过去几十年中接近猿的方式。在并不太远的过去，诸如黑猩猩、猩猩特别是大猩猩的大猿还在被人们看作嗜血的妖魔，只有最勇敢的白人猎人才能猎杀他们。这是猿类被看作金刚的阶段。而后，随着年轻的猿类被捕获并被带回到动物园中，人们面对猿的心情发生了变化。一夜之间，他们从妖魔变成了逗人发笑的小丑。这是黑猩猩在茶会上被当作闲谈资料的阶段。后来，科学家们开始研究这些引人注目的动物，他们通常都将猿们"留在家里"，并几乎像对待人类中的孩子们一样对待他们。这是家里的猿阶段；它引发了科学家对猿类个体智能的重要研究。但这种研究并没有告诉我们多少猿类的社会生活状况。接下来，科学家们开始了了不起的野外实地研究。在简·古道尔首开先河之后，其他人也相继跟进；这些野外研究揭开了野生状态中的猿群的复杂社会的许多方面。这是自然状态中的猿阶段。这件事在这一阶段上停留了一段时间，直到安东与简·范·霍夫兄弟俩采取了这一大胆的步骤：在荷兰阿纳姆动物园中建立一个真正大型的黑猩猩圈养与繁育基地。

阿纳姆黑猩猩群体在像弗朗斯·德瓦尔这样的动物行为学家的时刻观察的目光下成长、繁育并兴旺起来。站在高高地矗立在孤岛式的群体圈养区一端的观察塔上，他们能够跟踪观察一个猿类群体的社会组织的变化，这种观察所获得的细节比以往任何一种形式的观察所能获得的都要多。正是这种特定的环境将人类对于黑猩猩的行为的理解带入了一个新的阶段。比任何对于被拘禁的黑猩猩的其他形式的研究都更自然，比任何野外研究都更详细，阿纳姆研究专案给人们带来的新发现连续不断。没有人——即使是曾经做过黑猩猩研究工作的我们——能猜得到他们将被证明的社会谋略有多么复杂。没有人会想到有朝一日会有人去认真地考虑将一本书命名为《黑猩猩的政治》。然而，读了这个报告，我相信：你们会觉得作者已经完全被证明是正确的，并会觉得他已经将我们关于我们现存的最亲近的亲戚——复杂得令人着迷的黑猩猩——的知识向前带入了另一个重要阶段。

1982 年写于英国牛津

我认为：所有的人类都具有一种普遍倾向，
一种持续不断、永不停息、前仆后继、
至死方休的权力欲望。

托马斯·霍布斯，1651

目 录

25 周年纪念版前言

如果一本书可以连续行销 25 年，那么，它所谈论的话题肯定具有永恒的魅力。政治就是这样一个话题。我们浸渍于政治之中，所以，我们立刻便能看出其中的各种把戏——即使那是人类之外的政治。如果我们同意哈罗德·拉斯韦尔关于政治的著名定义——政治是决定"谁在何时并如何获得什么"的社会过程——的话，那么，毫无疑问，黑猩猩也在从事政治。由于那个过程涉及对人类及其近亲动物们都适用的各种威胁、结盟与孤立的策略，因而，我们有理由使用某个通用术语。

对某些人来说，这样一本书为贬低人类中的政治家们提供了依据；对另一些人来说，它又被用来提升猿的地位。也许我们有各种理由来缩小政治家们的膨胀的自我，特别是在当他们自以为拥有这个世界的时候。《黑猩猩的政治》已被有效地用于这一目的。例如，本书法文版的出版者将弗朗索瓦·密特朗和雅克·希拉克共同搂着一只黑猩猩的形象放在了书的封面上！我个人并不觉得这样做有趣。用猿类来嘲笑人类实际上说明我们并没有认真地对待猿类，这与我所想要传达的思想恰恰相反。我更感兴趣的是另一种视角：我们的近亲们的行为为我们提供了关于人类本性的重要线索。除了政治操作外，黑猩猩在许多行为——从工具应用技术到群落之间的战争——上都表现出了与人类的相应行为相似的特征。事实上，正是大量的相似性这一背景才使得我们在灵长类动物中的地位得以越来越清楚地显现出来。

一个发现的世纪

当柏拉图试图将人类定义为惟一不长羽毛并用两条腿走路的动物时，他立即遭到了第欧根尼的反驳。第欧根尼在演讲厅中放开一只被拔光了毛的小鸡，以此来证明自己的观点。自从那时以来，人类就一直被紧逼着去寻找自己独特性的终极证据。例如，制造工具曾经被看做是人所独有的特性，以至于出现了一本名为《人是工具的制造者》的书。这一定义一直被人们沿用着，直到人们发现野生黑猩猩会用经过特别加工的树枝探入白蚁穴里以获取白蚁这一现象为止。另一种独特性主张与语言有关，这种独特性被界定为交流的符号性。但是，当语言学家得知猿类已经学会美国手势语后，他们又用他们当前所强调的句法替换了他们原来当做必备条件的符号性。人类在宇宙中的特殊地位成了一种随心所欲的主张或一种像龙门架那样可以移来移去的东西。

我们对猿类知道得越多，他们看起来与我们就越像，正如他们的遗传物质所暗示的那样。人类关于他们的行为的知识积累是从 20 世纪早期的一批实验科学家开始的。沃尔夫冈·科勒曾描述过下述情景：一串香蕉被挂在了手伸不到的地方，房间里有一些可供使用的箱子和棍子，那些试图获得香蕉的黑猩猩会坐在那些东西旁边，直到突然悟出一种解决方案：至今，圈内人士仍将这种灵光一闪的现象称为"科勒瞬间"。罗伯特·耶基斯记录了猿类的性情；娜杰日达·拉德金娜-科茨沿着查尔斯·达尔文的足迹前进，并提供了她养在莫斯科家里的一只雌黑猩猩与她儿子之间面部表情的点对点的对比情况。

人们也在自然栖息地里观察黑猩猩，但在那个时候，在自然栖息地中的工作曾经被认为是不科学的因而不被赞成，只有实验室里的实验才被认为能提供科学所要求的可控制性。直到今天，这些不同研究途径之间的紧张关系依然存在，尽管黑猩猩研究的历史实际上是实验室研究与实地考察之间的杂交所产生的力量的展示窗口。黑猩猩行为研究的下一次推进发生在 1930 年代，当时的一些短暂的远足标志着对荒野中的黑猩猩进行研究的最早的认真尝试。例如，亨利·尼森在几内亚待了三四个月，对黑猩猩的摄食习惯进行了记录。直到 1960 年代，两个先驱性的长期项目才开始启动。在坦桑尼亚的坦噶尼喀湖东岸，简·古道尔在贡贝河自然保护区［Gombe Stream Reserve］建立了营地，西田利贞则在贡贝河以南 170 公里处的马哈尔山［Mahale］上扎了营。

这些实地研究打碎了黑猩猩作为和平的素食者的形象，并使他们令人惊异的社会复杂性得以曝光。在灵长类动物里，食肉性一直被认为是只有人类才有的特性，但黑猩猩会捕捉猴子，撕裂它们，将它们活活吃掉。尽管人们起先认为除了母黑猩猩与依赖于她们的幼仔之间的关系外，黑猩猩之间是缺乏社会联系的，但研究者们经实地考察却观察到森林中某个特定区域内的所有黑猩猩个体经常作为一个社会团体而聚会。与此形成对照的是，相邻区域中的个体之间如果发生互动的话，那么，这种互动往往是敌对性的。科学家们已开始使用（由彼此间有稳定联系但并不总是同时聚在一起的一些小团体组成的）"社群［community］"一词，以避免使用（由在同一时间出现在同一地点的一些个体组成的）"群体［group］"这一术语，因为：黑猩猩很少聚集成大集体，他们依照一种被称为"分裂—融合"的社会体制分化成许多随时变化着的即不断分分合合的小"帮伙［party］"，并以这种"帮伙"的形式在森林中穿行。

当人们发现我们并不是惟一一会杀害自己的同类的灵长类动物之后，另一种关于人类的独特性的论调被抛弃了。关于黑猩猩群落之间因领土争端而浴血奋战的报告对于战后关于人类的侵略性的起源的争论产生了深远的影响。

1970 年代见证了关于黑猩猩的第二波具有重大影响的研究，这一次，研究的对象是圈养区中的黑猩猩。这些研究在认知上将他们放到的与人类接近的程度比任何人曾经想象过的还要近。戈登·盖洛普证明：猿类能够认识自己在镜子中的形象，这表明：他们具有一定水平的自我意识，正是这种自我意识使人类和猿类拉开了他们与所有的其他灵长类动物之间的距离。埃米尔·门泽尔曾做过这样的实验：他将一只知道某件东西藏在何处的猿与他的不知情的同伴们放在一起。他的实验揭示了猿类是如何互相学习与互相欺骗的。几乎与此同时，荷兰的阿纳姆动物园建立了世界上最大的生活在户外的黑猩猩群落之一，在那儿，我开始了我对黑猩猩的观察与研究，并因此于 1982 年出版了《黑猩猩的政治》一书。

历史编纂

在 1979 年至 1980 年间写作《黑猩猩的政治》一书时，我只是一个三十出头刚出道的科学家，没什么可患得患失的。至少，那时我是这么看的。那时，我不会在意凭直觉和信念办事，无论这样做可能多么具有争议性。我在心里记着：这是一个不用耸起眉毛就可以公然在同一个句子中提及"动物"与"认知"这两个词的时代。我的大多数同事都因怕被指责为拟人主义而对动物也有意图和计划之类的说法退避三舍。这倒不是因为他们有必要否认动物也有内心生活，而是因为他们遵守着行为主义的教条，即：既然动物的思想和感受是人所不可知的，那么，也就没什么谈论它的余地了。我仍然记得自己在散发着臭气的黑猩猩睡觉处上方的金属网格上一站就是几小时，将那个建筑物中仅有的一部电话听筒贴我的耳朵，和我的那个总是很支持我但也比我谨慎得多的教授简·范·霍夫通电话，以试图说服他相信我的另一种疯狂的猜想。正是在这些讨论中，简和我第一次开玩笑式地将那个群落中出现的各种发展变化的情况称为"政治"。

对于这本书的其他重要影响来自大众。多年以来，我向许多由各式各样的动物园的参观者所组成的群体发表过演讲，听众包括律师、家长、大学生、精神治疗医师、警官和鸟类爱好者等等。对于一个以科学普及与推广者自诩的人来说，没有比这更好的"共鸣板"了。当我谈及一些最热门的学术话题时，那些参观者可能会打哈欠；但是，当我开始谈起一些我已经开始看作理所当然的关于灵长类动物的基本心理学知识时，他们却又会表现出认可和强烈的兴趣。

由此，我知道：惟一能让我的故事吸引人的方法就是将黑猩猩的人格活灵活现地呈现出来，并将注意力放在实际的事件上而不是科学家们特别喜欢的抽象概念上。我就这样受益于我先前的经验。在我到阿纳姆之前，我在乌得勒支大学做过一个关于长尾（或爪哇）猕猴的博士学位论文研究项目。1975 年，我发表了一篇题目叫《受伤的领袖：被关养的爪哇猴之间的竞争关系结构的一次自发产生的临时性变化》的论文。那是我的第一篇科学论文，它源于我对雄猴之间的地位变化情况的观察。我的那篇论文的封面上的图案反映出了猕猴之间的权力"游戏"的复杂性，在那张图中，我将猴子们比作象棋中的各种棋子。我注意到：在面对戏剧性的社会活动以及阴谋诡计时，动物行为学家们的那些形式化了的记录是多么彻底的无用。我们将搜集标准数据的目的放在对于事件的计算上。我们用电脑程序来处理所有的资料并对资料进行分类，从而创建出关于攻击事件、毛皮护理次数或者任何我们所感兴趣的行为的一个个简洁的摘要。

在以往的行为研究中，那些不能被量化、不能用图表来表示的事项就有被当做"轶事"而扔在一旁的危险。轶事是指那些难以归纳的独特事件。但这能证明一些科学家对于它们的蔑视是正当的吗？让我们来看一个人类的例子：鲍勃·伍德沃德和卡尔·伯恩斯坦在《最后的日

作者完成于 1975 年的关于猴子之间权力关系的学位论文封面上的插图。

子》一书中描述过理查德·尼克松对于失去权力的反应："尼克松抽泣着，面容哀伤。……一次普通的盗窃怎么会闯下如此大祸啊？……他跪了下来……弯下身子，用拳头重重地砸在地毯上，大声哭喊道：'我做了什么啊？到底发生了什么啊？'"

理查德·尼克松是美国第一个也是惟一一个辞职的总统，因而，这不能不说是一件轶事。但是，这会降低那个观察的意义吗？我必须承认：稀少独特的事件对科学归纳来说有很大的弱点。正如我们将要在本书中看到的那样，我所观察和研究的黑猩猩之一也在相似的情况下以与尼克松相似的方式发了一顿脾气（只不过那只黑猩猩没有说尼克松所说的那些话而已）。从我早期的研究中我认识到：要想分析与理解这样的事件，就必须用日记的形式记录事情是如何展开的，每一个个体是如何卷入的，以及与先前的情形相比他们后来的境遇又有什么特殊之处。我决意要将历史编纂工作引进我的研究项目，而不只是对黑猩猩的行为做做加法和求出平均值的工作。

通 俗 化

于是，一到阿纳姆，我就打开了日记本。我着了迷似的满怀激情地忙碌着。我坐在一个木头凳子上，花了几千个小时眺望着那个小岛，决意要作出一份关于黑猩猩间的权力斗争的迄今为止最详细的记录。几年之后，在对我的海量的笔记做了一番彻底的详审细查后，各种事件之间的联系才显露出一个头绪，《黑猩猩的政治》一书开始成形。

1982 年，由伦敦乔纳森·开普出版社出版的这本书首次面世时并未引起什么争议。无论是在普通读者圈还是在学术界本书都受到好评而不是攻击。随着时间的流逝，这本书开始被一些人过誉地称为"经典之作"。这本书的成功应该归功于其中的高度清晰可辨的，有时甚至是令人惊叹的猿类的故事。即使现在以一种后见之明去看，这本书受到如此热烈的欢迎也是可以理解的，因为这本书的基础性假设完美地契合了1980 年代的时代精神，当时，人们对待动物的态度正在发生迅速的变化。

由于我当时的工作在很大程度上是一种孤军奋战而与当时在美国出现的认知心理学无关，所以，我并没有意识到自己并非探索这一智力新领域的孤家寡人。这种情况说明：科学的发展从来都不是完全独立的。因此，当我第一次读到唐纳德·格里芬的《动物的意识问题》一书时，我并没有感到惊讶，这正如我的《黑猩猩的政治》一书显然没有引起大多数灵长目动物学家的惊讶一样。

《黑猩猩的政治》一书是为普通读者而写的，但它却又找到了通向课堂和商业顾问们的道路，甚至成了美国国会新任议员们的被推荐读物。由于各地读者对于本书的历时 25 年都没有消退的兴趣，约翰·霍普金斯大学出版社和我判定：出一个周年纪念版应该会受到那些准备探索他们与黑猩猩之间关系的新读者的欢迎。这个继 1998 年修订版之后的 25 周年纪念版收录了初版上没有的彩色照片，更新了某些重要"人"物的资料。

为了解释我的研究中出现的那些洞察，我喜欢用岛屿生物地理学来做类比。生态的复杂性与动植物种类的数量具有正相关关系，这一点容易理解。然而，岛屿上的生物种类通常要比离它们最近的大陆上的少。与大陆上的物种相比，岛屿上的物种相对简单，这使得从查尔斯·达尔文到爱德华·威尔逊的博物学家们能够形成可以应用于更复杂的系统的概念。与此相似，阿纳姆动物园中的黑猩猩岛上也只住了数量有限的黑猩猩，并且，与赤道附近的雨林相比，这里的环境也要简单得多。想象一下：这个群落中的雄性玩家要比通常情况下的野生黑猩猩群体中的多出两倍，或黑猩猩们可以自由进出这个岛。那样的话，我很可能没有能力搞清楚在我面前上演的这出戏会有多大的意义。就像一个在岛屿生活的传记作者一样，我看到的东西多是因为要看的东西少。然而，我所发现的一般原理却不仅适用于岛屿上的猿类，而且也适用于任何地方所发生的权力斗争。

我想写一本通俗读物的愿望来源于我长期以来对关于动物与科学的通俗读物的爱好。这类著作其实远比许多貌似重要的学术著作都更重要。正是这类著作吸引着学生们进入一个学术领域并使这个领域以一种大众化的面貌出现。继《黑猩猩的政治》之后，我又写了其他一些通俗著作，有关于波诺波（黑猩猩与人类的近亲）的，也有关于谋求和平的，甚至还有关于道德与文化的起源的。

因为我还监管着一个活跃的研究团队，所以我一直过着一种双重的生活。白天，我们做我们的科学研究；而到了晚上与周末，我就写我的通俗著作。这些著作使我能够处理一些更大的问题，其中有些问题几乎是无法在科学文献中论及的。

除了偶然的暗示外，《黑猩猩的政治》尽量避免与人类的政治作直接的对比。例如，我没有直截了当地指出：像耶罗恩这样一个年长的雄黑猩猩所拥有的权力与人类中老年政治家所拥有的权力是惊人地相似的。在每一个国家中，都有迪克·齐奈和特德·肯尼迪这样的人在幕后

我并不是惟一盯着看这个群落中的戏剧的人：那些猿自己也在密切关注着。当尼基（后景，左侧）以一场威胁性武力炫示弄醒耶罗恩时，有几个家伙也在旁观着。

操纵。作为上了年岁的过来人，这些经验丰富的老政治家经常利用较年轻的政治家之间的激烈竞争来获取巨大的权力。我也没有在这样的事情上作明显的类比：互为竞争对手的雄黑猩猩们通过给雌黑猩猩护理毛皮或逗她们的孩子来取悦她们，与人类中的政治家在选举期也常常会抱起并亲吻孩子。尽管这样的类比多得不胜枚举，甚至在非言词的交流上同样如此（例如大摇大摆地走路和压低自己的声音），但我还是回避了所有这些类比。对我来说，这些事情是如此的显而易见，因而，我很乐意将它们留给我的读者们。

关于阿纳姆的黑猩猩经历了些什么，我做的是一个相当直截了当的报告，没有受到"人类在类似情况下会怎么做"这些联想的影响。这样，聚光灯就可以直接照在我们人类的近亲们的身上了，而我们也就可以从他们自身去理解他们的行为了。但任何一个细心观察过办公室、华盛顿的政治圈或大学里的院系的人都会发现：社会的原动力在根本上都是一样的。刺探与挑战、结盟、破坏他人的联盟以及为了强调某一观点而拍桌子等游戏一直都存在着，并等待着任何一个观察者去观察。权力欲望是人类所普遍具有的。我们人类这个物种自诞生以来就一直在忙于使用各种权术，这也是任何人都不必对本书所指出的人与动物共同的权欲的演化之因感到惊讶的原因。

导　论

　　到动物园去的游客总是一看到黑猩猩就发笑。没有任何其他动物能引起那么多的笑声。这是为什么呢？他们真的是小丑，还是他们的外貌使他们显得可笑？我们可以相当有把握地确定：是他们的外表惹我们发笑，因为他们只要随处走走或随便坐坐而几乎无需做比这更多的事情就能使我们发笑。这种欢笑也许是对迥然不同的某些情感的一种伪装——一种由人类与黑猩猩之间明显的相似性而引起的神经质反应。有人说：猿类手里握着一面朝向我们人类的镜子，但我们似乎发现：当面对这面镜子中的映像时，我们很难保持严肃。

　　不仅到动物园去的游客看到黑猩猩时会被他们所迷住，同时却又感到不自在，科学家们同样如此。科学家们对这些大猿懂得越多，我们将自己认同于他们的危机似乎就变得更深了一个层次。人类与黑猩猩之间的相似性不只是外表上的。如果我们直盯着某只黑猩猩的双眼深入地看，那么，我们就会发现：那双眼睛里透露出一种富于智慧的自信的"人"格，而那双眼睛也在反看着我们。如果他们是动物的话，我们又是什么呢？

　　现在，大量已经为人所知的事实正在将人类与动物之间的鸿沟越缩越小。戈登·盖洛普已经证明：大猿认识他们自己在镜中的映像。这种自我意识形式是猴子与其他动物所缺乏的，这些动物将它们在镜中的映像当做似乎是别的个体。沃尔夫冈·科勒对黑猩猩做过多次富于独创性的智力测试并得出结论：他们有能力在对因果关系的顿悟（即所谓"啊

克娆姆（左）与格律勒互相护理毛皮。

哈！体验"）的基础上解决新问题。简·古道尔曾经看到过野生黑猩猩使用他们自己制造的工具。观察表明：他们还会打猎、吃肉，借助战争扩张领土，甚至自相残杀。最后，艾伦·加德纳与比阿特丽斯·加德纳夫妇研究小组成功地教会了黑猩猩使用大量手势形式的符号，他们借助这种符号互相交流的方式与我们人使用语言互相交流的方式相似得令人吃惊。这些猿透露出他们正在思考或感受些什么的丰富信息：猿的心理对我们人来说已经变得可以理解了。

尽管这些发现会给人以深刻印象，但我们对猿的了解仍然缺少一个重要的环节，那就是：他们的社会组织。有证据表明：黑猩猩们过着高度复杂且微妙的社会生活，但这一我们至今所能勾勒的黑猩猩的社会生活图景仍然是残缺而零乱的。至今为止，科学家们所做的关于这一特定领域的研究几乎全都是以野生黑猩猩为研究对象的。这些实地观察极为重要，但想要在丛林中跟踪黑猩猩的社会活动的每一个细节是不可能的。如果野外考察工作者能经常看到黑猩猩的话，那么，他们是很幸运的。然而，在成千上万次发生在灌木丛或乔木林中的社会接触中，他们能目击到的次数是很少的。他们虽然不至于注意不到社会性变化的结果，但却经常不明白其中的原因。

现在，世界上只有一个地方，在那里，我们才有可能对这种令人着迷的动物的集体生活进行全面的研究；这个地方就是荷兰阿纳姆的布尔格尔斯动物园［Burgers Zoo］中的大型户外黑猩猩群落圈养区。至今，这样的研究已经持续了一些年头了。这本书报告了这项研究的结果，并对基于猿与人之间的密切关系的某些猜想作出了论证：黑猩猩的社会组织与人类的实在太像了，像得让人简直不敢相信这是真的。① 这些动物世界中的小丑们在政治舞台上显身手时显然感觉十分自在。看来，马基

---

① 政治学家对此所作的最早的评论可在《政治学与生命科学》杂志 1984 年第 2 期的第 204—213 页以及本书参考文献中所列的格兰登·舒伯特（1986）的文献中看到。

雅弗利①的书中的所有段落都可直接用来解释黑猩猩的行为。这种动物之间的权力斗争和富于成效的机会主义是如此的明显，以至于有一次，有一个电台的记者试图以这样的问题来让我吃上一惊："您认为在我国现政府中谁是最大的黑猩猩?"②

报纸每天都在向人们提供大量的政治评论。我们习惯于报纸以简洁扼要的形式向我们提供政治动态的概要，例如："政府内部分裂给反对派以可乘之机"或"部长使自己陷入了十分棘手的境地"。政治新闻记者们常常略去对导致这种局面的各种因素和事件的列举。没有人会期待他们将他们所了解的所有有关的政治声明和他们所收集的所有机密信息的细节都详尽无遗地写出来。他们的读者所感兴趣的大多只是事情的概要。

我在阿纳姆所目击的各种事件同样可以以这种方式来概述。这肯定是最省事的陈述方式，但我以这种方式所勾勒的一幅图画却会是缺乏说服力的。我的解释也将不可避免地被人们看做比一个政治新闻记者的解释更令人怀疑。当我们讨论的对象是动物时，"政治"这个词本身就会引起人们的怀疑。

这就是我认为一定得用一步步逼近主题的方式来展开话题的原因。在这个导论中，我将先给出一个黑猩猩之间的交流大致上包括些什么内

---

① 马基雅弗利（Machiavelli，1469—1527），意大利政治哲学家，《君主论》的作者。——译者
② 新闻记者们已经通过将本国的政治家们与尼基、鲁伊特和耶罗恩作对比而对这一发生在阿纳姆动物园中的权力斗争的报告作了出于政治目的的开发和利用。1987年，法国罗谢出版社出版的法文版决定将弗朗索瓦·密特朗和雅克·希拉克与夹在他们之间的一只露齿似笑的黑猩猩在一起的一幅画作为《黑猩猩的政治》的封面；此后，这一倾向在法国的媒体上表现得特别明显。这一不敬的封面与其说是为了抬高那些猿还不如说是为了诋毁政治家们。与此相似，本书的要旨也会被某些重新命名的书名所冲淡或削弱，例如，1983年，哈尔克克出版社就以这样的标题——《我们多毛的堂表兄弟姐妹》出版了本书的德文版。这些出于市场营销的需要而做的决策偏离了我的书的要点，本书的要旨不在取笑政治领袖们或者猿们，而在于提出人与猿之间的基本的相似性并由此促使人们去反省他们自己的行为。

容的轮廓。而后，在第一章中，我将提供一个关于群落成员的性格的素描。此后各章将用来报告阿纳姆黑猩猩研究项目在过去 6 年的运作过程中我们所观察到的各种权力竞争以及地位的颠覆对于性特权的影响。最后，我将讨论一些作为社会互动的基础的一般机制——例如交互式报答、战略谋划的才能和三角关系意识——并指出这些机制与人类活动的相应机制是多么的相似。

第一印象

一进入阿纳姆动物园的大门，游客们就开始漫步在公园中最古老也最宽阔的林荫大道上。一路上，他们会经过道路左边的鹦鹉、鹈鹕与火烈鸟以及道路右边的长尾小鹦鹉、猫头鹰与雉鸡。大约在走到这条林荫大道的一半时，在鸟儿们所发出的刺耳、嘈杂的声音之外，他们还会听到一种比鸟声沙哑得多的吼叫声。这种吼叫声就来自这条大道末端的巨大的户外圈养区中的黑猩猩们。

到达林荫大道的末端时，游客们会发现那些猿在 20 来米开外；这种安排是为了阻止公众试图给他们喂食，对此游客们或许会感到失望。如果他们想要在更近的距离内看看这些动物的话，那么，他们就得登上瞭望塔才行。从牢不可破的玻璃的背后（黑猩猩们会向旁观者扔石头），他们将看到面积差不多有两英亩（约 8 000 平方米）的整个户外圈养区的壮观景象。这个圈养区被一条宽阔的水量充沛的人工护河所环绕。这块地方原来是一大片树林的一个组成部分，至今，岛上仍然有大约 50棵高大的橡树与山毛榉，这些树大部分都被用电栅栏保护了起来，以防止岛上居民们的破坏习性。在圈养区中央，人们可以看到有些橡树矗立在那里，这些橡树没有被保护起来，它们的树皮都已经完全被剥掉了。这些已枯死的橡树在黑猩猩群落的生活中起着重要作用。群落中的大部

上，阿纳姆动物园黑猩猩展示中心鸟瞰。右侧是包括睡觉处和冬季室内活动大厅在内的建筑物。左侧是黑猩猩们曾经征服过的墙。本图由波尼·维勒姆斯绘制。下，户外圈养区一角，中间的是那些已经枯死的橡树。

分攻击性遭遇战都是在这些树的顶部结束的，正是这些树提供了无数逃避敌手的可能性。

显然，我们这个社会中的某些成员还得使自己习惯于这种全新的半自然式的动物园。在这种圈养区中，喂食、触摸、刺激猿类的行为的可能性实际上已经被减少到零。游客们所能做的惟一的事情就是站着看。不过，这种圈养区的最大优点是：在这里所能看到的东西要比在那些作为传统猿舍的狭窄笼子中所能看到的东西要多得多！那种关着两到四只黑猩猩的狭窄笼舍是令猿沮丧的。在这种有辱猿格的条件下，猿类常常除了躺在那里无聊地手淫、来回踱步或者用背甚至头去有节奏地撞击笼壁之外几乎不再做其他的事情。①

在阿纳姆黑猩猩群落中，游客们就不会看到这些行为模式中的任何一种。这里最频繁的社会活动是一种完全自然的活动，那就是毛皮护理。通常几只猿一个挨一个地聚在一起，彼此梳理着毛发。与这一小心翼翼的护理工作相伴随的是轻微的噼啪声和拍打声。互相护理毛皮的伙伴还不时地通过推或拉的动作让对方换一个新的位置。从他们彼此遵从着对方的指示时那副欣然的表情看，黑猩猩们是多么喜欢被护理啊！

当成年雌黑猩猩们形成一个串状的毛皮护理队列时，她们的孩子通常都会在附近游荡，而那些很小的幼仔们则会用手和脚像夹子一样牢固而安全地将自己夹在母亲的肚子上并看着周围发生的每一件事情。稍大

---

① 瑞士动物学家与动物行为学家海尼·黑第格尔被普遍认为是动物园生物学——一门旨在寻求理解被捕捉并被关押的动物们的基本需要、创造出一定的环境条件从而使一个物种的典型行为能在其中正常表现出来的学科——的创始人。现代动物园已经从尽可能多地圈养各种不同种类的动物转向在一个更广阔的隔离区域内只圈养较少种类的动物。阿纳姆动物园的黑猩猩展示，是从被关在窄小的笼中或穿上衣服准备开茶餐会的猿到自然式圈养区中的猿这一漫长道路上的一座里程碑。这一发展所出现的时间正好就是野生环境中的猿濒临灭绝的时间，现在，某些猿群有效地生活在由人类提供保护并有兽医不定期地提供医疗服务的避难所中。这样，猿在自然栖息地中的生活就开始与在文明的动物园中的生活相像了。

一点的孩子们似乎具有耗不完的精力。在玩捉迷藏游戏的时候，他们会从毛皮护理队列的中间直冲而过，还会以从那些成年猿的头上一跃而过或朝她们扔沙子的方式来打扰她们的毛皮护理活动。

阿纳姆黑猩猩群落在以下几个方面都称得上是世界上独一无二的：一是户外圈养区的面积；二是在母亲身边长大的年轻黑猩猩的数量；三是它的规模（1981 年，黑猩猩的数量已达到 25 只），这是最重要的；四是有几只成年雄黑猩猩生活于其中。雄黑猩猩的体型并不比雌黑猩猩大很多，但他们的毛发要比雌黑猩猩的厚密。当他们兴奋起来或具有攻击倾向时，他们的毛发就会竖立起来，从而，他们就会显得比原来大并会给人以恐怖的深刻印象。在这种时刻，雄黑猩猩走或跑的速度会快得令人吃惊。这种攻击行为经常在足足 10 分钟前就会以一种不引人注目的

一群黑猩猩正在休息。吉米（左）正在给特普尔护理毛皮。吉米最小的孩子坐在她们两个的中间。中间的是这两只雌黑猩猩的同为五岁大的儿子：乌特正将手伸到乔纳斯的腋窝下挠痒痒。右边坐着的是克娆姆。

只有在一个和谐的群体
中，成年雄黑猩猩才会关怀
群内的孩子们并宽容他们的
行为：上，经常与尼基一起
玩游戏的莫尼克十分开心地
让尼基将她提起来倒挂在空
中；左，鲁伊特允许一只小
黑猩猩用他的背当蹦床做蹦
跳游戏。

身体动作或姿势变化的形式露出端倪。当我带着游客们参观黑猩猩圈养区时，我会注意到一场即将来临的威胁性炫示的迹象，这时，我就会得到一个人类典型的卖弄知识以引人注目的机会。我有充足的时间向每一个信任我的客人预告他们将会看到什么情景。

然而，黑猩猩行为的可预言性并不意味着他们总是重复同一种社会行为模式。如果那样的话，将是很让人厌烦的。黑猩猩研究的最迷人之处就是记录他们在许多年之中所发生的变化。做一个黑猩猩短期行为的预言并不仅仅因为可以作为一种令他人感到惊讶的手段而有趣，而且，还是不断检验我关于黑猩猩群落内部的不断变化着的关系网知识的一种极为有用的方法。

发生在阿纳姆黑猩猩群落中的领导阶层的变化情况像画一样最清晰不过地向我们展示着这个群落的生活的活力。这些过程需要花许多个月的时间，而且，与人们通常所认为的相反，他们并不是由少数几次战斗决定的。我自己的研究一直特别关注那些导致首领废黜的永无休止的默默运行着的社会操纵。一个群体的稳定性是慢慢地被破坏掉的。在这张由阴谋所钩织的网中，每一个个体都有他或她的角色要扮演。那将来的新首领会给其他个体做出榜样，但他绝不可能全然单独行动；他不可能单方面地将他的领导权强加在群体头上。他的职位部分地是由其他黑猩猩们的认可造成的。就像其他个体一样，群落的首领或者说雄 1 号，也是被诱入到这个网中的。

紧张爆发状态的预防

多年以来，直到现在，动物园都会将诸如狒狒、猕猴的猴类动物以相当自然的群落的形式圈养在大家都熟悉的猴山上。但就被圈养的大猿们来说，他们却一直没能过上这样适意的群落生活。动物园的所有者们担心：一大群令人恐惧且不可预测的这种动物会导致流血冲突甚至死亡。更大的麻烦是，这些大猿极易感染疾病；人们曾希望通过将这些动物隔离在消过毒的笼子里来消除疾病感染的危险。不过，到了1966年，安东与简·范·霍夫兄弟俩决定在阿纳姆动物园尝试一个雄心勃勃的项目。简曾经在位于新墨西哥州的美国好罗曼空军基地研究一个黑猩猩大群落的社会行为，他的这一经历是能让他从中受益的。新墨西哥的黑猩猩群落生活在一个占地25英亩（约10万平方米）的户外圈养区中。

美国的这一黑猩猩群落背后的设想是很好的，但是它未能成为一个成功的项目。那个群落中总是弥漫着一种极为紧张的你争我斗的气氛。简推断说：那儿的主要失误是缺乏在喂食时将那些猿隔离开来的隔离设施。因为有些猿试图独占食物，所以，每次进餐时，群落中都会爆发暴力冲突。其实，群落内部的紧张情绪在喂食时间到来前的一段较长的时间内就已经开始增长了。这意味着那里缺乏一种和谐的群落生活的发展所必需的一个基本的先决条件。

在自然环境中，黑猩猩们或者独自寻食或者以小组的形式集体觅食。由于他们所搜寻的果实和树叶分布得非常均匀，因而食物争夺是不常见的。但是，一旦人类开始向他们提供食物，甚至是在丛林中向他们提供食物，和平就很快被扰乱了。这种事就曾在坦桑尼亚的贡贝河流域即简·古道尔进行她的著名研究的地方发生过。理查德·冉哈姆①曾断定：有系统地向贡贝河流域的黑猩猩们供给香蕉使得他们的攻击性急剧增强。

在阿纳姆，食物争夺问题已经通过两种办法得到有效解决。首先，公众与那些动物之间被隔开一定距离，因此，他们无法给动物喂食。其次，每天晚上，这些猿都被分成一些小组，而后，他们就会在睡觉的

---

① 理查德·冉哈姆（Richard Wrangham），哈佛大学生物人类学教授。——译者

泰山和乔纳斯之间的一场游戏性角力比赛。

10个笼子中分别享用食物。他们几乎从不与群体中的全体成员一起进食；每天晚上和早晨，他们中的每一只都能在他们所住的笼子中公平地收到属于自己的那份食物。他们通常所吃的食物有苹果、橘子、香蕉、胡萝卜、洋葱、面包、牛奶，有时还有鸡蛋。他们的主食是一种（称为"猴粮"的）内含糖类、蛋白质和维生素的压缩性食物小球。夏季期间，黑猩猩们吃大量的草以及橡子、山毛榉果、叶子、昆虫和一些食用菌。

为了得到足够的食物，野生环境中的黑猩猩得花一半以上的时间来觅食。在动物园中，由于不必做这件事情，因而，他们难免会觉得有点儿无聊。结果是他们的社会生活得到了强化。他们有太多的时间来"社

　　一大早，茨瓦尔特就走出来，加入安波（右）也在其中的一个小组；她只用两条腿走着，因为地上的草还是湿的。小莫尼克用玩笑式的拍打来表示对她的问候。

会化"。另外，他们的住处空间有限，因而，他们绝不可能将自己与群体完全隔离开来。这些效果在冬季那几个月中表现得特别明显。

　　荷兰的冬季（从11月下旬到4月中旬）对于黑猩猩来说是严酷的，这段时间黑猩猩们是在一个有暖气的建筑物中度过的，那里有供他们睡觉用的场所，还有两个大厅，大厅里有可供攀爬用的架子，还有中空的金属鼓。（成年雄黑猩猩们用这些鼓奏出嘈杂而富于节奏的合奏。）最大的大厅有21米长、18米宽。尽管这样的大厅看起来已经够合理的了，但实际上它只有户外圈养区的1/20那么大。这引起了黑猩猩之间的摩擦和愤怒；因此在冬天，群落中发生的攻击事件差不多是夏天时的两倍。

　　黑猩猩们离开冬季生活区的日子是他们一年中最喜庆的节日。这一天的早晨，饲养员会打开通向户外圈养区的滑动门。那些猿是无法从睡觉的地方看到外面发生了什么事情的，但他们可以用耳朵来辨别建筑物中的所有的滑动门的动静。不到一秒钟，整个群落就以震耳欲聋的尖叫对开门作出了反应。他们以一个小组接着另一个小组的形式被放进户外的场地。尖叫声与吼叫声在继续响着。在户外圈养区的每一个角落，人们都可以看到猿们在互相拥抱和亲吻。有时，他们还会以 3 个或更多个一组的形式围成一团，不断地兴奋地跳跃着并互相重重地拍打着背部。

这些猿重获自由的喜悦是显而易见的。他们在冬季期间已变得稀疏了的黑色毛发将在几个月内重新变得厚密而闪亮。他们的苍白的脸也将在阳光下恢复他们本来的颜色。最重要的是，那在整个冬季中像是被装入瓶中的紧张情绪也将在户外的空气中消散。

大 逃 亡

我们这个灵长目动物展示中心的存在，要归功于中心主任安东·范·霍夫的进取心和胆量，以及他关于动物园的见解：对于动物园来说，在收养动物的种类方面，少而精要胜过多而滥。1971 年 8 月，我们的黑猩猩圈养、展示与研究中心这一综合机构正式对外开放，开放仪式是由德斯蒙德·莫里斯①主持的。在一帮穿戴得整整齐齐、无可挑剔的其他"裸猿"们的环绕下，莫里斯致了开幕词，而后，我们的多毛的亲戚们就被放进了那个户外圈养区。我们的这位贵宾演讲者曾经预言以下两个灾难之一将会如期降临到我们头上：这些猿或者会造出一只筏并用它来渡过护河，或者会发明出一种梯子并用它来登上圈养区的某段围

---

① 德斯蒙德·莫里斯（Desmond Morris），英国著名动物与人类行为学家，《裸猿》的作者。——译者

墙。第一种灾难是他自己想出来的，第二种灾难则与一只名叫"洛克"的黑猩猩的发明有关。

洛克是美国路易斯安那州的一小群少年黑猩猩中年纪最长者，是埃米尔·门泽尔的研究对象。他曾经完全靠自己偶然想出了一个极为聪明的主意：用一根长竿子当梯子爬过了一堵墙。群落中的其他黑猩猩们很快就掌握了这种工具的用法。他们甚至在攀爬时互相帮助。

阿纳姆黑猩猩群落的历史上最令人难忘的逃逸事件也是以相似的方式发生的。尽管在开幕式上我们就已经得到了警告，但还是有一些大树枝被散乱地留在了猿岛上。圈养区的某一小段边界是由一堵4米高的围墙构成的。后来发生的故事成了动物园中的一个经典案例。根据流传最广的版本，故事是这样的：那些黑猩猩从多种角度将那些树枝搭在墙上，而后，他们同时爬上了那堵墙，好像事先商量好了似的。那很像是一座中世纪的古堡中发生的一场暴乱，黑猩猩互相帮扶着越过了围墙。而后，十几只黑猩猩排成一条直线走向一座当时挤满了客人的大餐馆。在那里，他们用橘子和香蕉将自己的肚子塞得满满的，而后又慢慢溜达着回到了他们睡觉的地方；回来时，他们的手上和脚上塞满了偷来的水果。那天剩下来的时间，他们是在尽情地享受水果的美味中度过的。

听到这一精彩的故事一些年后，当我有心写作这本书而去这里那里地核实故事中的细节时，我感到有点失望。我问了每一个当事者当时他凭自己的双眼看到了些什么。结果是在预料之中的。那个故事包含了一个真实的核心，但是，从事件发生到现在这些年的流传过程中，这个故事已经在相当程度上被人们随意添油加醋地改编过了。例如，那家餐馆的工作人员告诉我：他们从不储存水果，逃逸事件发生的那一天，实际上也只有一只黑猩猩进了餐馆。那只黑猩猩就是大妈妈——群落中年纪最大而且毫无疑问也是最危险的雌黑猩猩。她显然是从柜台上爬过来的，并曾对收款台发生过探究的兴趣，然后她就在一群餐馆客人的中间安然坐下来，并平静地喝完了一瓶巧克力增香牛奶。

我并没有责备当时目击这一突围事件的任何人。可以确定的是：那次逃逸是借助于一根树枝的帮助才得以实现的（事后发现一根 5 米长的粗大而沉重的树枝就一头对着墙支撑着）；但那些黑猩猩当时是否同时用了几根这样的树枝则还没有搞清楚。这次突围应该是一个团队的共同努力的结果，这一点都不让我吃惊；单单那根树枝的重量就已经说明了问题。

虽然饲养员每天早晨都会勤勉地检查户外圈养区中有没有折断了的树枝——那次令人难忘的大逃亡后所采用的一种惯例——但这并没有能够抑制住那些猿的创造性。在地上没有零散地躺着的现成的树枝可以找时，他们就到已枯死的橡树上去折断一些长树枝。这需要巨大的力气，所以，这样的任务总是落在成年雄黑猩猩的身上。让我们感到安慰的是，这些树枝不再被用来逃跑，而是被用来爬过带电的铁栅栏以便能够爬上那些活树。

对于像黑猩猩这样聪明的动物来说，想要消除所有的逃跑机会是绝对办不到的。他们甚至知道如何使用钥匙，有时，他们会试着从饲养员的口袋里将钥匙钓出来。逃逸事件只有在人们回顾并讲述这种事情的时候才是有趣的。在事情发生的当时，没有任何可以让人发笑的地方；那个时候，每一个人所能想到的只有危险。

我们之中没有一个人敢走进黑猩猩群中。饲养员和我与他们中的某些个体关系非常友好，但只有当他们待在他们的睡觉处并且与我们之间隔着栏杆的时候。动物园都将绝不要完全相信任何一只成年黑猩猩当做一条规则。他们并不比人类重，但他们的力气却要大得多。在动物园中，有关黑猩猩的一个问题是：他们太清楚他们在力量上的优势了。这一特点再加上他们喜怒无常的性格使得他们具有致命的威胁。

野生的黑猩猩则不清楚他们的力量比人类的大，而且，更重要的是，他们已经学会害怕人类以及他们的武器了。由此导致了这样一种荒谬的情形：在阿纳姆动物园中，我们得与黑猩猩们保持相当的距离才能去研究他们；而野生黑猩猩们一旦变得习惯与人类相处，人反而可以在比动物园中的人与猿之间的安全距离更近的距离内研究他们。我们在护河对面与圈养区边缘相距6—60米远的地方观察他们（对于来访的公众来说，这个观察距离还要更远，当然，在瞭望塔上的观察除外）。而在贡贝河流域，实地考察工作者们有时却可以直接走向黑猩猩并在他们身边坐下来看着他们。不过，即使在贡贝河流域，由于与人类相熟已久，那里的黑猩猩们也已经不再怕人类了。其中最臭名昭著的要数富老豆——一只肌肉发达的青年黑猩猩，他会打那些到营地来的人类访客，有时还会将他们拖下山坡。在一次攻击中，他用全力踩简·古道尔的头，并差一点折断了她的脖子。他似乎想要在他与古道尔之间的关系上占据统治地位，因而发出了威胁。要想在不破坏来之不易的信任的情况下阻止这样的行为，那些调研者们几乎无计可施。

动物行为学

一个年轻的教师带着他的全班学生来阿纳姆看黑猩猩。那是仲冬时节，因此，那群黑猩猩生活在室内。

在大厅的一角，几只猿或坐或躺在那些高大的鼓上，那些鼓高矮不等。那个教师马上发现了这种排列的教育价值，他告诉他的小学生们：坐在最高的鼓上的猿就是这个群落的首领，比首领稍低一点的是他的副官，比副官更低的就是他们的部下们。为了使一切都显得简单明了，他还指着那些坐在地上或者在地上走来走去的猿们说：他们就是"最低等级"的猿。

当时，在地上的猿中就有居于统治地位的雄性之一——耶罗恩；让

乌特、泰山以及在他们背后的茨瓦尔特在好奇地看着尼基从护河里钓上的东西。

我十分高兴的是，他当时正在为一场虚张声势的武力炫示而做热身准备。他已经将毛发轻微地竖起来，并对自己轻轻地吼叫着。当他站起身来时，他的吼声变得更加响亮，一些猿立即从鼓上跳下来，他们知道：耶罗恩的威胁性武力炫示通常都是以一场长长的有节奏的跺脚音乐会的形式结束的。我好奇地想要看看那个年轻教师会用什么办法把自己从那种局面中解救出来。在耶罗恩制造完他的惯例性喧嚣并做了几次纵贯大厅的狂野的冲锋后，大厅里的一切又都重新安静下来。其他的黑猩猩们又爬回到那些鼓上，重新开始他们的活动。那个教师的看法不过是他的丰富的想象力的产物，他告诉他的学生说：他们刚才看到的情形是地上的这只猿为夺取权力而进行的一场未遂政变。

这实在是一种可笑的看法。然而，谁能担保这本书中的众多解释事实上都是真理呢？尽管在经过了这么些年后，我觉得我对这个群落已经相当熟悉，对于其中发生的事情我很少出错，但我却不可能有绝对的把握。研究动物的行为就是去解释它，不过，这种解释总是带着一种不断让人苦恼的感觉，即：这种解释也许是不对的。这不是一种愉快的感觉，而这正是科学家们为什么常常宁愿保持沉默而不愿回答这一大家耳熟能详的问题——"那只动物为什么做那件事情？"——的原因。有时，专家们会选择制造一个对有关问题一无所知的印象。他们的行为与那位对自己深信不疑并滔滔不绝地发表己见的自负的年轻教师恰好相反。这两种态度都会导致一事无成，但不幸的是我无法完全避免它们。在某些问题上我似乎过于犹豫不决，在另一些问题上我的解释又似乎走得太远了。但除此之外，别无他路可走。行为研究就是以在这两个极端之间玩跷跷板的方式进行的。

动物行为学是对于动物行为的生物学研究。在康拉德·劳伦兹①与尼科·廷贝亨②的影响下，动物行为学于 1930 年代在德国、荷兰与英国得以立足并发展起来。

动物行为学与动物行为的心理学研究之间的最大区别在于：动物行为学强调研究在自然环境中或至少在尽可能自然的条件下的动物的自发行为。动物行为学家的确也做实验，但绝不会是与他们的实地考察工作完全分开的。他们首先是也主要是耐心的观察者。这种等着看动物出于自己的要求做些什么而非出于实验目的而激励动物进行某种特定行为的态度，同样也是我们在阿纳姆做的研究所具有的特征。

---

① 康拉德·劳伦兹（Konrad Lorenz），奥地利人，动物行为学的主要创始人。
——译者
② 尼科·廷贝亨（Nike Tinbergen），荷兰人，动物行为学的另一重要创始人。
——译者

观察者全神贯注地观察一种特定形式的行为或者跟踪一个特定的个体。他们的工作要比看起来艰辛得多。

感　知

　　每个人都会看，但实际上感知是一种需要学习的东西。每当有新学生来的时候，这个问题就会反复出现。在头几个星期，他们完全"看"不到任何东西。在群落内的一场攻击事件结束的时候，我跟他们解释："耶罗恩朝大妈妈冲过去并打了她一巴掌，于是，格律勒与大妈妈就联合起来并追赶耶罗恩，耶罗恩向尼基求救。"这时，他们都看着我，似乎我是个疯子。然而，对于我来说，这只是对一个（只有四只黑猩猩牵涉其中的）相当简单的交互作用的一个表面而粗略的概述，那些学生只是看到几只黑乎乎的野兽混乱地冲来冲去并发出刺耳的尖叫声。他们很可能并没有注意到那猛烈的一击。

　　在这样的时候，我不禁会想起我也是在经过一个相当长的时期后才发现自己会对这些情节的结构的明显缺失感到奇怪，然而，真正的问题不是结构的缺失而是我自己的理解能力的缺失。一个人必须对许多个体，他们各自之间的敌友关系，他们的姿势、特有的声音、面部表情以及其他类型的行为都十分熟悉——只有到那个时候，我们所看到的那些狂野的生活情景才会合乎实际地变得有意义。

刚开始时，我们只能看到我们已经认识的东西。一个对国际象棋一无所知的人在观看两个棋手之间的一次对弈时不会对棋盘上的紧张状态有什么意识。即使这个观察者待上一小时，他或她还是会对在另一个棋盘上准确地进行复盘感到巨大的困难。与此相反，一个大师只要聚精会神地看上几秒钟，就能看清并记住每一个棋子的位置。这两种人之间的差异不是记忆力上的，而是理解力上的。对于没有入门的人来说，那些棋子是互不相干的；而那些行家里手则会给那些棋子添加上重大的意义并看到它们之间是怎样互为威胁与保护的。记住一种有结构的东西要比记住一种杂乱无序的东西容易得多。

这就是所谓的"格式塔知觉"的综合原理：整体或格式塔要大于它的各部分之和。学习感知就是学会认出各个组成部分有规律地出现的那种模式。一旦我们熟悉了棋子或黑猩猩们之间的交互作用的模式，那么，他们或他们的行为的意义就会显得如此的引人注目并且显而易见，以至于我们很难想象其他人怎么会陷在各种细节的泥潭里不能自拔，并且抓不住动作的基本逻辑。

信息交流的信号

每一种面部表情都表征着一种特定的心情。例如，游戏心态与焦虑心情之间的差异就可以从牙齿的暴露程度上推测出来。黑猩猩在受惊或悲伤时暴露牙齿的程度要比他们做出所谓的"游戏表情"时暴露牙齿的程度大得多。对于普通的旁观者来说，黑猩猩们大张着嘴的表情看起来

　　黑猩猩们会在受到惊吓、无把握和不安时暴露出他们的牙齿：左，当象征安全的毛毯被拿走时，茹丝耶以尖叫作出了反应；右，当耶罗恩试图躲避尼基的威胁性武力炫示时，他咧嘴并哀嚎起来。

　　游戏表情（如这里的泰山与杰基所表现出来的表情）可以在摔跤与挠痒痒游戏中看到。这种表情或许会伴随着一种很像是强忍住笑声的喘气声。

尖叫是最响亮的声音形式，这种声音表示对受惊吓的抗议。这里，在遭到一群雌黑猩猩的攻击后，一只成年雄黑猩猩——鲁伊特正在尖叫。

尖叫，杰基以乞讨的姿势朝另一只偷走了他的浆果的黑猩猩伸出一只手。他想把那些浆果要回来。

很像是快乐的咧嘴大笑，但你可以确信：对于那只黑猩猩来说，实在没什么可笑的。这种露齿似笑的表情可在以下情况下看到：当一个婴儿因母亲暂时离开而独处的时候，或者，当一只较年长的猿与群落中的高等级成员（他们自己很少会露出他们的牙齿）发生冲突的时候。

这种可怕的面部表情常常伴随着某些声音。其中，最大声的就是尖叫。在耶罗恩——群落中最年长的雄黑猩猩——的首领职位被废黜期间，动物园的各个角落都可以听到他的尖叫声。我总是在一边步行穿过公园时一边吃我的午餐，在那段时间中，我经常在很远的地方就听到又与挑战者干上了的耶罗恩的尖叫声。这时，我就会狼吞虎咽地吞下我的三明治，并赶紧跑到圈养区去看那壮观的场景。

这种可以称为对受惊吓的抗议的尖叫常常会转变成哀嚎——一种较为柔和的更像是失望时的抱怨的声音。黑猩猩们还通过咆哮、咕哝、呜咽以及吼叫等来进行交流。学会识别每一个个体的声音的最佳方法就是：录下所有个体的声音，然后反复地播放直到它们之间的差异变得明显为止。就像听来自一种陌生的文化的音乐，只有经常并反复地听，旋律才会显现出来。

在我们熟悉了黑猩猩之间的通用的信息交流方式后，我们还得去面对不同个体之间的巨大差异这一连带的问题。每一只猿都开发出了许多专用的信号。例如，丹迪就有他自己的邀请其他猿过来帮他护理毛皮的手势：用右手握着自己的左上臂。当他坐着的时候，这个姿势是不引人注意的；然而，当他用一只手（由另一只手扶着）加两条腿的方式蹒跚着走向一个可能的毛皮护理伙伴时，看到的人或许很可能会认为他是个瘸子。另一个严格个体性的信号是大妈妈用摇头的方式说"不"，这个信号看起来确实像在表达"不"的意思。举个例子：有一次，大妈妈以乞讨的样子朝格律勒伸出她的一只手，正在这时，另一只雌黑猩猩跑了过来并坐在了大妈妈与格律勒之间。于是，大妈妈坚定地左右摇晃着她的头。那另一只雌黑猩猩当时的反应是：她迟疑地退了出去。在她退出去后，大妈妈再次邀请性地朝格律勒伸出了她的一只手臂。格律勒走过来并在她身边坐了下来，接着，她们就互相护理起毛皮来。

我们将伸出手臂并张开手掌的姿势称为"伸出一只手"。这是群落中最普通的手势。与黑猩猩们的许多交流信号一样，它的意义也取决于它被使用时及其前后的生活情景。那些猿用它来乞讨食物，请求身体接触，甚至在冲突期间请求支持。当两只猿以攻击性的姿态互相遭遇时，他们中的某一只会朝第三只猿伸出他的手。这个邀请的手势在政治斗争的最有效的工具——攻击同盟或联盟——的形成中起着重要的作用。

阿纳姆黑猩猩群落中所有常见的一百多种行为模式也都可以在野生黑猩猩中看到。他们的游戏表情、咧嘴似笑以及乞求的手势并不是对人类的相应行为的模仿，而是人类与黑猩猩所共有的自然而然的非语言交流形式。某些不同寻常的信号，例如，大妈妈以摇头的方式说"不"，则很可能是受人类的影响的结果。但即使这个非常特别的信号也曾被阿德里安·考特兰德①在野生黑猩猩中观察到过。从总体上看，在相互之间的信息交流上，阿纳姆群落中的猿与他们的野生同类之间并没有什么不同。

向旁求助行为

想象这样一个情形：一只成年雄黑猩猩正在向他的对手发起挑衅。由于毛发竖了起来，他看上去全身都膨胀了；他"唬唬"地吼叫着，上身不断地左右摇晃着；而且，他的手里还握着一块石头。没有经验的观

---

① 阿德里安·考特兰德（Adriaan Kortlandt），荷兰著名考察兼实验型动物行为学家。——译者

在黑猩猩们的交流方式中，最富于表现力的方式之一就是毛发竖立。这里所展示的是，当尼基对耶罗恩进行威胁性武力炫示时，他将全身的毛发竖了起来，从而使自己看起来尽可能地大。

察者不会注意到那块石头，因为他们已经被引人注目的虚张声势的武力炫示迷住了。他们可能如此地着迷，以至于同样没能看到一只成年雌黑猩猩的干预行为。她平静地走向那只正在进行威胁性武力炫示的雄黑猩猩，松开了他握着石头的指头，而后带着那块石头离开了。经过许多个星期的观察，我才搞明白当时发生了什么。在那天的日记的开头，我标上了一个粗体的感叹号，因为那时我确信：我已经获得了一个世纪性的发现。但在熟悉这一行为模式之后，我却认识到：那根本不是什么不同寻常的事情。这种行为有时一天之中就会发生好几次。我们将这种行为称为"没收"。我们从来没有发现过在这种情况下雄黑猩猩有对雌黑猩猩产生攻击性反应的。有时，他的确试图将他的手挣脱出来，如果这种努力失败的话，他可能会去寻找另一块石头或一根棍子。然后，他会继续其虚张声势的武力炫示。不过，雄黑猩猩再次获得的武器还是有可能被没收：有一次，一只雌黑猩猩单单从一只雄黑猩猩的手中就没收了不下于六件东西。

黑猩猩们有时用"唬唬"的吼声作为一种远距离通讯的形式。图中，鲁伊特（站立者）与耶罗恩在回应尼基的吼声。而这时，尼基正在 60 米之外进行威胁性武力炫示。

学会识别社会互动行为的模式甚至比学会识别手势与声音之类的通讯信号更难。"没收"就是一个例子，不过，还有许多其他的例子。引起问题的首先是攻击性的互动行为。冲突也许仅限于两只黑猩猩之间，但群落中的其他成员经常会出面干涉，因而，最终，会有 3 只甚至多达 15 只黑猩猩同时互相威胁并追逐着。在这种情况下，黑猩猩伴随着巨大喧嚣的行为所遵循的模式是十分复杂的。

为了搞清楚正在发生的事情，首先必须区别指向对手的行为与指向同伴或旁观者的行为。后者被称为"向旁求助行为"，这种行为会以如下的形式出现：

　　年幼的黑猩猩们从观察年长者们的互动行为中学习怎样对社会行为作出适当的反应：上，毛发竖立的丰士跟在正在驱逐一个挑战者的耶罗恩的后面跑着，当耶罗恩发出尖叫时他也跟着发出尖叫；下，安全地坐在母亲膝上的茹丝耶在看着两只小黑猩猩吵架。

寻找庇护与安慰

这是最普通的形式。当未成年的猿在与同辈猿的一场战斗中失败
或受到成年猿的威胁时，他们常常会这样做。在这种情况下，那只未
成年的猿会尖叫着跑向他的母亲并投进她的怀抱。在成年的猿中，事
情的做法就与此不同了。一只受威胁的雌猿会跑向居于最高统治地位
的雄猿，而后在他的旁边或后面坐下来，于是，攻击者就不敢继续进
攻了。

一只兴奋的或受惊吓的黑猩猩显然有一种想要与其他黑猩猩身体接
触的急切要求。这似乎是使他或她快速安静下来的惟一办法。在面临攻
击的时候，寻求安慰与鼓励的需要会达到如此程度，以至于在那时对手
们看起来像是互相忘了对方。举个例子：一只尖叫着、哀嚎着的成年雄
猿奔跑着穿越圈养区，朝着其中有老也有少的几只猿跑过去，寻求着身
体接触，亲吻或拥抱着他们。在那个时刻，情景看起来似乎相当友好，
但这种情景却是由另一只雄猿所发起的一场长时间的气势汹汹的武力炫

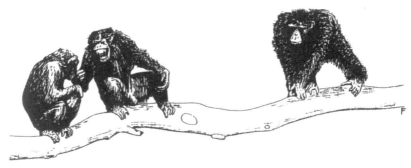

　　中间正在尖叫的那只雄黑猩猩正在同时与另外两只黑猩猩互动。右边，他的敌手正在
一边对他进行虚张声势的武力炫示一边朝他靠近。在避开敌手之前，他将一只手指放进左
边的一只雌黑猩猩的嘴里以向她寻求安慰与鼓励。这是一个向旁求助的交流行为。（从左到
右：大妈妈、鲁伊特和尼基。）

鲁伊特亲吻乌特（摄影：罗纳德·诺亚）

示所引起的。而那时这个对手的毛发还在竖立着，并且，他很快又将开始对他的尖叫着的对手进行威胁。

寻求支持

　　如前所述，请求帮助是以伸出一只手的方式来完成的。当另一只黑猩猩站起身来并与受害者一起向敌手逼近的时候，这个动作确实是用来表示请求的这一点就变得很明显了，因为这时"乞丐"的态度发生了戏剧性的变化：他不再是那只在伸出一只手的同时哀嚎着的受威胁的动物了；他一边以进攻的姿态咆哮着并尖叫着冲向他的对手，一边始终留心着周围的情况以便确信他的支持者仍在支持着他。如果那个支持者显出犹豫的样子，那么，那套请求的程序就会重新开始。

唆　使

这时发生的交流活动同时有两个指向。在大多数情况下，这种交流所涉及的是各自需要动员一只雄黑猩猩去帮她攻击另一只雌黑猩猩的两只雌黑猩猩帮手。那只受到威胁的雌黑猩猩一边以愤怒的高音频的咆哮向她的对手发出挑战，一边亲吻并恭维着那只雄黑猩猩。有时，她会用一根手指指着她的对手——这是一个不同寻常的手势。通常，黑猩猩们不用一根手指而是用整只手掌来指东西。我所看到过的雌黑猩猩们确实是在用一根手指指东西的那几次罕见情形都发生在局势令当事者感到困惑的时候，例如，当第三方躺在那里睡觉或从一开始就没有卷入冲突的时候。在这种情况下，攻击者就会用指的方式来表明谁是她的对手。

唆使行为的典型特征是：当雄黑猩猩采取行动时，那些刚做完唆使工作的雌黑猩猩们自己就不再参与冲突了。她们让他独自去完成那项工作。

和　解

在传统的看法中，攻击性一直被看做是一种会导致个体之间疏离的不可控制的本能。对于早期的动物行为学家们所研究的那种具有领域观念（领土或领水或领空）的物种来说，攻击性所具有的这种间隔功能是足够明显的。然而，对于社会动物来说，这种看法的适用性又如何呢？如果每一次争吵都会将群落成员赶得远远的话，那么，这样的群落岂不是很快就会瓦解掉？动物们是如何设法在为了食物与性交而竞争的同时又维持着一个个具有内聚力的群落的呢？当我们就冲突之后发生了些什么问题在这个黑猩猩群落中搜集资料时，我们发现：原先的对手就像磁铁一样互相吸引着！在大多数情况下，我们所记录下来的战斗过后的情况都是接触而不是回避。

在安格琳·范·罗丝马伦——我的第一个学生来到阿纳姆之前的几个月中，我已经逐渐开始认识到黑猩猩之间的和解现象的存在。有时，动作相当明显。在一场战斗刚刚结束不到一分钟，两个原先的对手就会急切地跑向对方，长时间热烈地互相亲吻和拥抱，而后互相帮对方护理起毛皮来。不过，有时候，这种具有强烈情感意味的接触也会在一场冲突结束几小时后才发生。经过细心观察，我发现：如果对手们没有就他们的纷争达成和解，那么，他们就仍然会处于紧张和疑虑状态。然而，就在那样的时候，坚冰会突然消融，对手中的一方会主动去接近另一方。

安格琳能够证明：在一场战斗结束后，对手之间的接触要比在其他情况下的接触热烈得多，其中，最典型的行为特征就是亲吻。描述这种现象的最浅显的词就是"和解"，不过，我曾听到有人反对这样做，他们的理由是：选择这样的术语，未免把黑猩猩不必要地拟人化了。为什么不用像"冲突后的第一次接触"这样中性的术语来指称它呢？因为归根到底事情就是这么回事。出于同样的追求客观性的愿望，接吻可以被称作"嘴对嘴的接触"，拥抱可以被称作"手臂围绕着肩膀"，脸可以被称为"头部前方"，手可以被称为"前爪"。我想有所保留地把赞成使用非拟人化术语的动机说出来：那不是企图用语言来给黑猩猩们朝我们举着的那面镜子蒙上一层面纱吗？我们可不可以不将我们的脑袋伸进沙堆中来保持我们的尊严感呢？

从事黑猩猩研究工作的人从他们自己的经验中知道：黑猩猩寻求和解的需要是多么强烈。也许没有任何一种其他动物会如此强烈地表现出这种需求，而要变得习惯于此是需要有所付出的。伊冯·范·库肯贝尔格曾描述过她第一次经历这种现象时的反应。

伊冯让一只名叫"巧蔻"的小雌黑猩猩与她在一起待一段时间。那时，巧蔻正变得越来越淘气，到了该教训一下她的时候了。一天，巧蔻

大妈妈正在尼基（右）与尖叫着的丰士（左）之间的一场冲突中做调解。她向尼基表示"问候"，然后马上去拥抱并亲吻他。只有在尼基的情绪被她以这种方式平息下来后，丰士才敢与尼基和解。

将电话从挂钩上取下了 N 次，伊冯看到后狠狠地责骂了她一顿，并在责骂的同时将她的手握得异乎寻常的紧。伊冯的责骂看来在巧蔻身上产生了她所想要的效果，所以，她在沙发上坐了下来并开始看一本书。正当她已经把那件事全忘了的时候，巧蔻突然跳上了她的膝盖，将双臂环绕在她的脖子上，然后对着她的嘴唇给了她一个典型的（张着嘴的）黑猩猩式的响吻。巧蔻此举完全不同于她通常的行为，它肯定与她所受到的那番责骂有关。巧蔻的拥抱不仅感动了伊冯，还给了她一次深深的情感冲击。她认识到：她从来都不曾期望一只动物会做出这样的行为；而且，她还完全误判了巧蔻的情感的强度。

联　盟

当两只黑猩猩互相打起来或互相威胁时，第三只黑猩猩会决定参与

合作不仅仅表现在联盟中：这里，特普尔在帮助泰山从一棵树上下来。

冲突并站在其中一方的一边，结果形成两只黑猩猩结盟共同对付一只黑
猩猩的局面。在许多情况下，冲突会更进一步扩展，更大的联盟也会应
运而生，因为各种事情都发生得很快。

我们也许会设想：那些黑猩猩在其他黑猩猩的攻击下失去了自控
力，所以就盲目地参与到冲突中来了。没有比这离真相更远的了。黑猩
猩们是决不会未经考虑就采取行动的。

为了证明这一点，我们必须去反复查证每一个个体在混战中都做了
些什么。他或她是以一种不可预测的方式插手冲突呢，还是系统地支持

某些特定个体呢？这需要非常仔细的观察；收集有关联盟的信息所需要的就是耐心、耐心、再耐心。有时等待一整天也可能看不到一个事例。不过，平均说来，每天的结盟事件在5—6起；通过近距离观察，我们整个研究小组一年能记录下1 000—1 500起结盟事件。这些事件以"C支持A反对B"的形式记录在长长的数据表上。对这些数据表的分析进一步证实：黑猩猩干预群体中的其他成员之间的冲突的行为是有选择性的。群体中的每一个成员都有他们自己喜欢和不喜欢的个体，这种情感态度支配着他们如何行动。他们所作的选择是有偏向性的，而且，这种偏向性一般都会保持许多年不变。

这并不是说群体中的关系是不变的；实际上，这正是黑猩猩的结盟现象中最令人着迷的方面。为什么长年支持A反对B的C会逐渐开始支持B反对A？导致变化的影响力最大的因素在哪里呢？在A—B、B—C或A—C的关系中吗？这是一个复杂的问题，因为它涉及三角关系。而A、B、C之间的联合还只是存在于群落中的成千上万种三角关系中的一种。研究结盟现象使我们得以有机会充分了解黑猩猩群体的"三维"生活。

两位灵长目动物学家——欧凡·迪伏奥与已故的罗纳德·霍尔于1965年首次出版了关于这一主题的详尽的研究成果。他们研究了在肯尼亚自由漫游的狒狒的行为。成年雄狒狒的地位既取决于他的个体战斗能力也取决于他与其他个体联合行动的能力。整个狒狒群是由两到三只成年雄狒狒共同领导的，这两三只狒狒组成了所谓的"核心层"。离开了彼此之间的支持，他们中的任何一个都没有多大的影响力。一些核心层外的雄狒狒在仅仅面对核心层内的单个雄狒狒时根本就不会表现出任何害怕的迹象。为了控制住他们的对手们，核心层成员必须形成一个共同阵线。

几年前，荣·纳德勒描述了另一个相关的精彩事例，这个例子生动地显示出一个群体中的最高职位是怎样依赖于富于攻击性的合作行为的。在美国亚特兰大著名的耶基斯灵长目动物研究中心有一个大猩猩群落。那个群落是由 4 只成年雌大猩猩再加上凯勒巴尔——一只体格魁梧、令人印象深刻的雄大猩猩以及冉——一只比凯勒巴尔小得多的成年雄大猩猩组成的。每个人都料想凯勒巴尔会成为群落的首领，但是，那些雌大猩猩却支持冉。尽管两只雄大猩猩相当和平地在同一个地方生活了几个星期，但当把他们引入雌大猩猩群时却还是上演了一场由击胸、冲锋式武力炫示和激烈的战斗所构成的好戏。纳德勒描述了最后一场战斗，在这场战斗中，凯勒巴尔受了伤并不得不被从群落中转移出去："到底是哪一只雄大猩猩先动手的，这点没有弄清楚，不过，一旦他们卷入战斗并打得难分难解时，雌大猩猩们就参与到战斗中来了。其中两只跳到了凯勒巴尔的背上，另一只则抓住了凯勒巴尔的一条腿，而且，她们都开始咬他。他们的斗殴很猛烈但很短暂，不过几秒钟，他们就分开了。"

雌性帮助她们所选择的雄性登上首领宝座，这一事实并不是这次事件中最令人震惊的方面。最令人惊讶的事情是：冉居然能够迫使雌大猩猩们支持他。从那场战斗开始前的调遣上看，这一点就已经很明显了："无论冉在哪个地方趾高气扬地向凯勒巴尔靠近，那些雌大猩猩们很快就会跟上。每当凯勒巴尔停下来时，她们就会与冉一起排成一个半圆形并将那只令人印象深刻的雄大猩猩围在中间。事实上，在某一刻，当一只雌大猩猩试图离开那个环状队列时，冉就朝她冲过去并把她赶回到原来的位置上。"这就是冉禁止逃跑的方式。不过，雌大猩猩们为什么顺从一只当时如此依赖于她们的雄大猩猩呢？毕竟，他的命运最终掌握在她们手里啊。也许，大猩猩的政治与黑猩猩的政治一样精妙、复杂并令人困惑。

关于生活在自然环境中的黑猩猩之间的结盟现象我们已经有足够的

了解，从而可以得出如下结论：联盟是决定成年雄黑猩猩们之间的关系、建立他们各自的势力范围的一个非常重要的因素。这一点是在关于贡贝河流域的黑猩猩群落的出版物中被反复强调的。关于那个群体中的法本与费甘兄弟之间的联盟是怎样逐渐发展的，我们有一个几乎完整的详尽描述。如果我们将这些过程与发生在阿纳姆黑猩猩群落中的那些联盟的发展过程作一个比较，我们可以发现：两者之间并没有明显的根本的不同。惟一的差异是：在阿纳姆动物园，我们在研究这些过程时所能掌握的细节要详细得多。[①]

保守的解释

我们怎样分辨一只动物的情绪状态？当一条狗将它的尾巴夹在两腿中间的时候，我们会说：它受了惊吓。这是因为我们已经知道：一条做出这样举动的狗通常都会逃跑。逃跑行为并不像"尾巴夹在两腿之间"的行为那样难以理解。根据这两种行为之间的联系，我们可以推断：如果其中之一表示害怕，那么，另一种也会表示害怕。同样，我们也很清楚地知道：当一条狗发出低沉的吠叫并竖起颈毛时，它想要干什么。这种联想是我们在无意之中就已经学会了的，正因为如此，我们才经常将它们归为直觉；我们说：我们"凭直觉知道"狗的各种情绪状态。

直觉是有价值的，但只有在搞清楚直觉背后所隐含着的东西时，科

[①] 在西田利贞在坦桑尼亚的马哈尔山上进行的黑猩猩行为研究中，我们可以特别明显地看出阿纳姆动物园与野外中的黑猩猩们之间的行为相似性。用现有分析的许多核心概念——例如，离间性干涉、向旁求助行为、谋求权位的联盟策略——来理解马哈尔山上的黑猩猩们之间的等级关系的巨变已经被证明是有效的（参见：西田与保坂，1996）。此外，克里斯多夫·勃姆也做出了值得注意的比较。1994 年，他对贡贝河国家公园和阿纳姆动物园中的黑猩猩们的平息性干涉做了比较。这些比较都集中在雄猩猩的行为上。至于雌黑猩猩，在不同的黑猩猩群落之间则存在着较大差异。阿纳姆的雌黑猩猩与她们野外的同性们似乎有所不同，她们的社会性更强，政治上的影响力也更大（参见：德瓦尔，1994）。

学家们才会完全满意。我们没有必要始终都依赖这种令人产生无意识联想的迹象。我们已经学会并用来解释和理解狗的信号的无意识方法可以转化成一种有效的科学手段，如果我们有意识并系统地用这种方法的话。简·范·霍夫已用这种方法来整理他写的关于好罗曼黑猩猩群落的社会行为的成堆的笔记。他的笔记显示了黑猩猩们展示各种行为模式的次序。他用计算机来对那些经常同时或快速连续出现的模式作了筛选，结果找出了许多具有内在联系的行为模式的组合。他将一套含有诸如逃走、躲避、回避等行为模式的行为组合称为"顺从"，而将一套含有诸如攻击、咬、踩踏等行为模式的行为组合称为"进攻"，如此等等。由此，我们就可能就一些不太清楚的解释作出推论。例如，我们可以发现：咆哮属于攻击行为组合，而尖叫与哀嚎则属于顺从行为组合。

计算机只提供各种行为模式之间的联系；它不能指出这种联系的背后所隐含的意义。这正是范·霍夫谨慎地将那一套套联系称为"行为系统"而不是相关的"情感"或"动机"的原因。为了方便起见，我不想仿效这种谨慎。当我说一只黑猩猩在对另一只黑猩猩"以一种友好的方式喘着气"的时候，我的意思是说：他正在以可以让在场者听得见的强度呼吸着，而按照范·霍夫的分析，这种呼吸可以称为"亲密"行为。这种行为组合之所以可以被这样来描述是因为它包含着诸如拥抱、接吻与社交性的毛皮护理等一些明显的亲密接触的形式。

大胆的解释

与本能和冲动的动物行为的概念直接相反的是有意识、有预谋的行为的概念。当然，世界上存在着许多对自己的社会行为的因果关系可能完全没有意识的动物。例如，一只雄蟋蟀知道他的唧唧的鸣叫声会引起雌蟋蟀的注意吗？然而，那正是他的信号功能。不过，较为高等的动物的确好像知道他们的信号所产生的效果。特别是大猿，他们表现得如此灵活，以至于我们产生了这样的印象：他们完全知道其他个体会怎么反应，也知道自己的行为能获得什么结果。他们的通讯看起来很像是富于智慧的社会操纵行为，好像他们已经学会并知道用他们的信号来作为影响其他个体的手段。

例1

一个大热天，吉米与特普尔正坐在一棵橡树的树荫下乘凉，她们的两个孩子则在她们脚边的沙地上玩耍（带着游戏的表情在那儿摔跤和扔沙子）。在这两位母亲中间的是群落中最年长的雌黑猩猩——大妈妈，她躺在那里睡着了。突然，那两个孩子尖叫起来，互相击打且拉扯着彼此的毛发。吉米用一种温和而具有威胁意味的咕哝声向他们发出了告诫，特普尔则不安地移动了一下她所坐的位置。两个孩子继续争吵，最终，特普尔戳了几下大妈妈的肋骨把她唤醒了。当大妈妈站起身来的时候，特普尔将那两个正在吵架的孩子指给她看。当大妈妈朝前迈出威胁性的一步、在空中挥舞着她的手臂并大声吼叫起来时，两个孩子马上就停止了吵架。后来，大妈妈又躺了下去，继续睡她的午觉。

解释。为了充分理解对上述事例的解读，很有必要了解以下两方面的情况：第一，大妈妈是群落中地位最高的极受尊敬的雌性；第二，孩子们之间的冲突通常会造成他们的母亲们之间的紧张从而导致母亲们之间也互相殴打起来。之所以造成这种紧张，可能是因为每一个母亲都希望帮她自己的孩子，并阻止另一个母亲介入争吵。在上述例子中，当孩子们的游戏变成了战斗时，两个母亲都发现自己陷入了一种令人痛苦的局面。特普尔以这种方式解决了问题：她请出了一个居于统治地位的第三方——大妈妈，并将问题指给她看。大妈妈显然看了一眼就明白自己在被期待着做一回仲裁者了。

例2

在与尼基之间的一场战斗中，耶罗恩的一只手受了伤。尽管伤口不深，但起初我们还是以为这伤给他带来了不小的麻烦，因为他连走路都一瘸一拐的了。第二天，有个叫迪尔克·福克马的学生跟我说：依他之见，耶罗恩只是在当尼基在他近旁时才瘸着走路。我知道迪尔克是个敏锐的观察者，不过，这一次，我觉得难以相信他说的是对的。我们继续观察，结果证实他说的的确是对的：耶罗恩从坐着的尼基身旁走过，从他面前的一个地方走到他背后的一个地方，在走在尼基的视野之内的这一段时间内，他就一瘸一拐的一副可怜相，但一旦从尼基身边走过之后，他的行为马上就变了，走路的姿态恢复了正常。在将近一个星期的时间内，每当耶罗恩知道尼基能看到他的时候，他就装出行走困难的样子。

解释。耶罗恩在演戏。他想要让尼基相信在他们之间的战斗中他被伤得很重。耶罗恩只是在尼基的视野之内时才装出一种夸张的可怜相，这一事实表明：他知道他的信号只是在当它们可以被看到时才起作用；耶罗恩密切地关注着尼基是否在看自己。他也许已经从自己以往的那些严重受伤的事件中得到教训：在他一瘸一拐的走路期间，他的对手对他就不会那么狠了。

例3

乌特是一只大约3岁大的年轻的雄黑猩猩。有一次，他与安波吵了起来，他一边以最高的嗓门尖叫着，一边气势汹汹地朝着安波逼近。他的母亲特普尔朝他走过去，很快地将她的一只手放进她儿子的嘴里，以此堵住了他的尖叫。乌特逐渐安静了下来，争吵也随之结束了。

解释。吵闹的冲突容易引起注意。如果这些冲突持续的时间太长，那么，就会有一只成年雄黑猩猩赶过来并将冲突平息下去。每当有一

科勒关于动物使用工具的著名实验首次证实了黑猩猩的高级心理过程。黑猩猩会自发地使用工具。这里，在看到水面上漂浮着一片苹果皮后，安波正尝试着用一段小枝条去够它。茨瓦尔特（左）和弗朗耶（右）在好奇地看着她是否能成功。

只气势汹汹的雄黑猩猩靠近他时，乌特就会不假思索地在他母亲的近旁寻求庇护。这意味着她将冒承受本来是为她儿子而准备的惩罚的危险。在事态变得过于严重之前，她想通过堵上乌特的嘴来避免冒这样的危险。

这并不是关于强制性安静行为的惟一颇具知名度的事例。我还曾经看到过这样一个事例：当一只待在母亲的膝上这一安全之地的幼仔朝群落中的一个居于统治地位的成员发出挑衅性的咆哮时，这个母亲将一根手指按在了那幼仔的小嘴上。母亲之所以这么做，可能还是不愿意因自己孩子的失礼行为而惹上麻烦。

例 4

丹迪是 4 只成年雄黑猩猩中最年轻的，也是级别最低的。另外 3 只尤其是雄 1 号不能容忍丹迪与成年雌黑猩猩之间有任何性交活动。但实际上，他却在与那些雌黑猩猩们"预约"后时不时地与她们成功地进行了交配。每当丹迪与某只雌黑猩猩预约后，他们就会假装只是碰巧朝同一个方向走，如果一切顺利的话，他们就会在一排树干后面相会。在交换几个眼色，或者在某些情况下，在一方以肩肘部轻快地触碰对方的身体后，这种"约会"就会随之发生。

这种偷偷摸摸的交配经常与信号的抑制与隐藏有关。我非常清楚地记得自己第一次注意到这种事情时的情景，因为那场面实在很滑稽。那时，丹迪与一只雌黑猩猩正在偷偷摸摸地互相求爱。丹迪一边与那只雌黑猩猩性交一边慌张地察看着四周的动静，看旁边是否有其他雄黑猩猩在看着他们。雄黑猩猩的性交是从张开两腿露出勃起的阴茎开始的。正当丹迪以这种方式展示他对性的迫切要求时，群落中较年长的雄黑猩猩之一——鲁伊特出乎意料地从丹迪与那只雌黑猩猩幽会的角落旁边走过。丹迪急忙用手遮住自己的阴茎，以便不被看到。

另一次，鲁伊特正在与一只雌黑猩猩性交，而这时，群落中的雄 1 号尼基正躺在大约 50 米外的草地上。当尼基朝这边张望并抬起脚来时，鲁伊特慢慢地从那只雌黑猩猩身边挪开了几步，而后坐了下来，再一次将背对着尼基。尼基慢慢地朝鲁伊特走来，途中还捡了一块大石头。他的毛发轻微地竖了起来。鲁伊特不时地朝四周张望着，观察着尼基的动静，并回头看着自己正在逐渐软下去的阴茎。一直等到自己的阴茎不再看得到的时候，鲁伊特才转过身朝尼基走去。他很快地嗅了几下尼基手里握着的石块，然后，留下尼基与那只雌黑猩猩，顾自走开了。

雌黑猩猩们有时会在性高潮时发出一种特别的高声尖叫，这种尖叫会泄露出她们正在进行交配的秘密。一旦雄1号听到这种声音，他就会跑向那躲藏着的一对，去打断他们的好事。一只叫乌尔的雌黑猩猩在正当青春期时习惯于在交配结束时发出特别大声的尖叫。然而，当她差不多成年的时候，她除了在与雄1号性交的末尾仍会发出尖叫外，在与其他雄黑猩猩"幽会"时，她就几乎不再发出这种尖叫声了。在"幽会"期间，她用那种与尖叫相伴随的面部表情——张着大嘴、露着牙齿并发出一种无声的尖叫（从喉咙背部发出的喘气动作）。

解释。在所有的这种例子中，跟性有关的信号或者被隐藏或者被压抑。乌尔的无声的尖叫给人的印象是：她正在用巨大的努力来控制狂放的激情。而那些雄黑猩猩们面临的问题是：他们的性兴奋状态的证据无法随意消失，不过，他们也有他们的解决办法。

鲁伊特竟敢去嗅尼基手上握着的武器，这一大胆的举动仅仅表明：对雄1号不可能找到控告他的理由这一点，他是多么自信。这种行为与我曾看过的发生在两只雄短尾猕猴之间的一件事形成了鲜明的对照。一只雄短尾猕猴在刚刚秘密交配完几分钟后就碰上了雄1号。雄1号不可能知道他刚才做了什么，但他却表现出了不必要的胆怯和顺服。他的行为是如此夸张，以至于那只雄1号如果有黑猩猩那样的社会性意识的话，那么，他肯定会意识到究竟是怎么回事了。

鲁伊特在他的冒险流产后的行为与那只短尾猕猴的行为截然不同。他没有任何"有罪意识"或心虚的迹象。黑猩猩们都是伪装大师，他们很少会让未怀疑者产生怀疑的念头。

理性的行为

在目击过许多令人难忘的黑猩猩的社会性操控行为后，一旦我们认识到黑猩猩是一种智商很高的动物，我们就不得不去考虑他们拥有而大多数其他物种看起来缺乏的这种特别或额外的能力的性质问题了。这种能力就是有目的地思考的能力。

当一只野鼠被训练得能通过踩下踏板来获得食物后，它只会在它饥饿的时候去使用那块踏板，一旦获得足够吃的东西，它马上就会停止。野鼠以这种方式行事纯粹是因为它或多或少是偶然地发现碰到那块踏板会使食物释放出来，并记住了这一事实。然而，在黑猩猩中，却在没有任何以往的效果作为证据的情况下出现了某种目标导向的行为。他们似乎有在现场设想出有效的解决方案的能力，例如：在例1中，特普尔弄醒了大妈妈并指给她看那两个正在争吵的孩子；或者，在例3中，她有效地让她的儿子安静了下来。我们很难相信：特普尔只是偶然地发现这些行为能将她从其所身处的棘手的处境中解脱出来。这里所需要的才能肯定要比单纯的好记性多得多吧？

另一方面，这种解决办法又怎么离得开特普尔的社会经验呢？她表现出了一种有效地将过去的一系列经验——包括关于孩子们的吵架、睡觉的猿、大妈妈的权威地位及手压在嘴上的效果的知识——相联系的令人惊异的能力。那种让黑猩猩的行为如此灵活的特别的能力，就是他们能将各种零散的知识片段结合起来的能力。由于他们运用相关知识的能力不受对当前情形是否熟悉的限制，所以，在面对新的问题时他们不必去盲目地摸索新的解决方式。黑猩猩们能在不断变化着的实际生活中运用他们所有的过去的生活经验。

对这种能力——将过去的各种经验相联结以便实现某个目的，最佳表述就是"理性"与"思想"；没有更好的词语了。黑猩猩们有能力在自己的头脑中权衡某个选择的后果，而不是通过实际的尝试和错误来测试某个特定的行为过程。由此产生的结果就是经过深思熟虑的理性行为。灵长目动物们要考虑如此大量的社会信息、能如此精妙地体察其他个体的情绪和意图，以至于有人推测：他们的高智力就是在应对日益复杂的群体生活中形成的。这种被称作"社会性智力假说"概念也可以用来解释人脑的巨大扩张。①

　　按照这种观点来看，技术上的发明创造只是一种附带性的发展效果，灵长目动物智力的演化始于这样的需要：以智胜"人"，能觉察出欺骗性的谋略，达成对双方都有利的妥协，搞好有助于个体事业发展的

---

① 1950 年代与 1960 年代，汉斯·库默尔与艾莉森·乔利提出并发展了"社会性智能假说"。在瑞士苏黎世动物园，库默尔观察了雌狒狒们是怎样唆使某个成年雄狒狒为其对抗自己的雌性对手的。雌性攻击者在其雄性支持者与雌性对手之间来回移动，一边大声恐吓她的对手，一边将她的后腿与臀部呈现给他看。这种"在有保护的情况下进行的威胁"行为渐为人们所熟知（参见本书参考文献中所列的库默尔［1957］的文献）。这一最早的迹象表明：在攻击性遭遇战中，灵长目动物所做的并不仅仅是互相联手，此外，还有更多举措；看来，她们或他们热衷于在其他个体中征募支持者。库默尔在其 1971 年的文献中的第 36 页解释了所有这一切现象的高度复杂性：

　　　"在从一种情形快速转向另一种情形的过程中，灵长目动物个体不断地适应着自身周围的群落成员的同样变化无常的活动。这样一种社会环境要求其中的成员具备两种品质：一种是高度发达的根据环境条件是否允许的情况来释放或压制自己的动机的能力；一种是评估复杂的社会形势的能力，也即对某一个社会活动领域而不是某个特定社会刺激作出反应的能力。"

　　乔利将灵长目动物的智能的进化是在与自然环境相对的社会环境的压力下发生的这一观点发展到了最清晰的程度（参见本书参考文献中所列的乔利［1966］的文献）。此外，尼克·哈姆弗莱也在其 1976 年的文献中提出了社会的复杂性与灵长目动物的智能之间的一种联系并对这种动物如何解决社会问题和技术问题作了甚至比乔利还要多的对比。

　　1975 年，我刚开始在阿纳姆做研究的时候，就相当全面地熟悉库默尔的各种观点并极为敬慕他所做的工作。像他一样，我也对灵长目动物请求并获得其他个体帮助的战术性步骤深感兴趣。此前，我在简·范·霍夫教授的指导下在乌得勒支大学做过关于长尾猕猴的这种行为的研究。然而，阿纳姆的黑猩猩们却表现出了比长尾猕猴多得多的战略战术，这些战略战术给我留下的印象是如此深刻并使我感到如此困惑，以至于我为了寻求灵感就立即去读了尼科罗·马基雅弗利的著作。但即使这样，我也要负起向这位佛罗伦萨的人类本性的编年史学者介绍灵长目动物学的责任；对于理查德·拜恩与安德鲁·怀腾针对一般的社会认知问题而于 1988 年提出来的"马基雅弗利式的"智慧这一标签，我从来没有感到舒服过。

　　不管对或错，"马基雅弗利式的"这一术语意味着对于他者的一种见利忘义式利用——一种用目的来证明手段的正当性式的利用。但社会认知涵盖了比这多得多的东西。一个母亲会通过聪明地转移孩子的注意力的办法来解决断奶引起的冲突，一个成年雄性会等待着与自己的对手和解的适当时机；他们这样做的时候都聪明地利用了他们的经验，但确切地说，他们并不是在做通常意义上的"马基雅弗利式"的行为。对于其他个体之生存状况的敏感性、冲突的解决和互动式的利益交换都需要大量的智力作基础，但如果我们所使用的术语单方面强调唯我独尊且为达到一己目的可不择手段的话，那么，问题的真相就被遗漏掉了。

社会关系。在这一领域，黑猩猩们显然是非常出色的。他们的技术发明才能低于我们人类；但是，若要论社会活动的才能，我就很难做出这样的判断了。

第一章　黑猩猩们的个性

　　黑猩猩们都有坦率的性格。他们的每一张脸都富有特征，你可以像区别不同的人类个体一样容易地区别不同的黑猩猩个体。他们的嗓音听起来也各不相同，因此，几年之后，我仅仅用耳朵就能把他们一个个地区别开来。每一只黑猩猩都有他或她自己的行走、躺下及坐的方式。甚至，根据他们转头或者搔背的方式，我都能认出他们。不过，说起个性，我们当然特别要想到的是他们在对待自己的同伴的方式上的差异。这些差异只能用与我们用来描述我们的人类同伴一样的那些形容词才能准确地描述出来。因此，在对那些个体作初步介绍的这一章中，我们将用像"自信""快乐""骄傲""工于心计"这样的术语。这些术语反映了我对于那些黑猩猩的主观印象。这是最纯粹的拟人化的做法。

　　首先，黑猩猩给人的感受都是富于个性的；这一点从我们中的那些与他们一起工作的人所做的关于他们的各种梦中便可以看出来。就像人们所梦见的他们的人类伙伴都是一个个个体一样，我们所梦见的黑猩猩也都是一个个个体。如果我们这里有学生说他或她曾梦到过一只黑猩猩，那么，对此，就像对有人声称曾梦到过一个人一样，我不会感到惊讶。

　　我清楚地记得我所做的关于黑猩猩的第一个梦。在那个梦中，我显然一心想着要保持他们与我之间的距离。在这个梦中，通向黑猩猩生活区的大门为了我而从里面被打开了。为了好好地看我一眼，那些黑猩猩都争着把其他黑猩猩推到一旁。耶罗恩——群落中年龄最大的雄黑猩

丹迪（与施嫔在一起）

猩——走上前来并与我握手。他相当不耐烦地听着我想要进去的请求，断然拒绝了我的请求。他说：那是不可能的；再说，他们的社会也不适合我：对于一个人来说，他们的社会实在是太严酷了。

非灵长目专业的学生常常会对灵长目动物学家给每个动物个体都取一个名字的做法提出批评。他们指责说：命名会导致将动物不必要的人类化。他们的言下之意是：对于个体之间的差别的关注不如寻找具有物种典型特征的行为来得重要。当然，现在，已认识到这一点的并不只是灵长目动物学家们：如果不与每一个个体的独特的基因构成、生活史及社会背景等因素相联系并将这些因素一并考虑在内，那么，动物的行为是没什么意义的。

最早大规模地使用个体区别的科学家们是一批日本灵长目动物学家，1950 年代，他们就开始了这一实践。他们用的是数位编码，与简·古道尔采用像"哈姆弗莱 Humphrey"和"弗洛 Flo"这样的名字相比，这或许会使他们的观察听起来更具有客观性，但实质其实是一样的。每一个尝试过数位编码的观察者都说：过了一段时间，那些数字听起来就开始像名字了；这或许是因为我们人类都会自动地通过有名字、有个性的个体（而非抽象的数字）来思考相关问题吧。

1979 年，当我开始为了写这本书而作准备的时候，这个群落有 23 个成员。在这些猿中，有 7 个——3 雌 4 雄——在群落中特别富于影响力，因而，他们将被逐个加以描述。另外 16 个大多是雌黑猩猩和她们的幼仔们，他们分属 3 个以群落中最早的 3 位母亲为核心的雌性小组。这本书中对于群落中的猿们的年龄的估计是以 1979 年为年龄估算标准的。

大 妈 妈

阿纳姆黑猩猩群落中年纪最大的是一只我们估计大约 40 岁的雌黑

4 个雄性

耶罗恩
[Yeroen]

鲁伊特
[Luit]

尼基
[Nikkie]

丹迪
[Dandy]

雌性子群 1: "大妈妈" 子群

安波
[Amber]

大妈妈与莫尼克
[Mama & Moniek]

格律勒与茹丝耶
[Gorilla & Roosje]

丰士
[Fons]

弗朗耶
[Franje]

雌性子群 2："吉米"子群

吉米与杰基
[Jimmie & Jakie]

乔纳斯
[Jonas]

克娆姆
[Krom]

施嫔
[Spin]

雌性子群 3："特普尔"子群

特普尔
[Tepel]

泰山
[Tarzan]

乌特
[Wouter]

普伊斯特
[Puist]

3 个姑娘

茨瓦尔特
[Zwart]

乌尔
[Oor]

亨妮
[Henny]

猩猩。（被圈养的黑猩猩的寿命的最高记录是 59 岁。在荒野中，他们大概从未活到过这么大的年龄。）我们叫她"大妈妈"。大妈妈的注视中有着一种巨大的力量。她总是带着询问的神情并以一种老年妇女特有的什么都懂的神态看着我们。

在群落中，大妈妈深受尊敬。她在群落中的核心地位可与一个西班牙或中国式家庭中的老祖母的地位相比。每当群落中的紧张关系达到顶点时，敌对双方甚至包括成年雄性总是会转而求助于她。我看到过许多次发生在两只雄黑猩猩之间的战斗都是在她分开冲突双方的手臂中结束的。在对抗达到顶点时，对手们大声尖叫着跑向大妈妈而不是求助于身体的暴力。

在一次整个群落针对尼基的攻击事件中，我们看到了她在群落中扮演着调解者的角色的最有说服力的证据。几个月前，尼基成了雄 1 号，但他的暴力行为仍然常常不被群落成员所接受。这一次，包括大妈妈在内的群落中所有的黑猩猩都参与了追击尼基的行动，他们大声尖叫并咆哮着。在事件的末尾，平常看起来那么威风凛凛的尼基孤独地坐在高高的树上，惊恐不安地尖叫着。所有的逃跑途径都已经被切断。每当他想从树上下来时，就会有几只猿把他赶回去。大约一刻钟后，情况发生了变化。大妈妈慢慢地爬上了树，她抚摸了尼基并吻了他。而后，她重新爬了下来，尼基也紧跟在她脚后。既然是大妈妈带他下的树，其他成员也就不再坚持继续围堵。显然惊魂未定的尼基与对手们"握手言和"了。

大妈妈是一位体型相当大的"女士"。在雌黑猩猩中，她的身体格外宽大、强壮。她步履缓慢，攀爬对于她来说更是一件相当费力的事。她有时会做个鬼脸，那鬼脸让我们觉得或许是她的关节所承受的负荷让她感到痛苦了。群落刚建立的时候，她的动作可要利落得多了；她必须这样，因为那时她可是群落的首领，不仅统治着所有的成年雌黑猩猩而且还统治着所有的成年雄黑猩猩。

大妈妈在群落中起着一种核心的作用。除了在稳定与和解上的影响力外，她还是雌性集体的首领。没有一只雄黑猩猩能忽视大妈妈的存在。

成年雄黑猩猩们要比大妈妈来得晚得多。在 1973 年 11 月 5 日 3 只成年雄黑猩猩突然在群落中现身之前，大妈妈已在首领的位置上坐了18 个月了。那时，他们并没有向她提出权力要求；相反，他们在阻挡

"妇女们"的追咬、扭打方面碰上了很大的困难。

那时是冬天，因此，黑猩猩们生活在那个巨大的室内大厅中。每天早晨，那三只新来的雄黑猩猩总是最先被放出来。其中的一只——耶罗恩总是直接跑向那些大鼓，他一边跑一边吼叫，毛发都竖立着。另外两只雄黑猩猩紧跟在他后面，他们一边尖叫一边回头忧心忡忡地观察着周围的动静。这三只雄黑猩猩互相紧靠在一起，他们的眼睛紧盯着那条雌黑猩猩们将要出现的走廊。当雌黑猩猩们从下方开始攻击他们时，那些雄黑猩猩就会以一只叠在另一只身上的叠"人"梯的方式待在那只最高的鼓上。所有这些都是在大妈妈和她的朋友格律勒的指挥下进行的。她们咬那几只雄黑猩猩的脚，抓他们的毛发。那些受害者们竭尽所能地做

当雌黑猩猩们拥挤在他们的周围挑衅地尖叫着，抓他们的脚和毛发时，三只大雄黑猩猩忧心忡忡地在那只最高的鼓上面挤作一团。前景中，一只雌黑猩猩正在进行威胁性武力炫示。

着防卫，但这实际上只能加剧雌黑猩猩们的挑衅性武力炫示。他们的紧张的尖叫与腹泻和呕吐明显地透露了他们对于那些狂怒的雌黑猩猩们的恐惧。

过了许多日子，一些黑猩猩开始小心翼翼地与那三只雄黑猩猩接触。大妈妈的主要盟友格律勒也以日渐友好的方式对待那些新来者。她对耶罗恩表现出了明显的偏爱。在此后的岁月中，她一直保持着这种偏爱，而这种偏爱将在发展中起到重要作用。尽管雄黑双方之间的关系在犹疑不决之中也有所进展，但即使这样，双方之间的暴力冲突还是不时地爆发出来。大妈妈看到了她的地位在受到威胁，她丝毫都没有接受那些雄黑猩猩的倾向。

由于人为的干预，这种情形终于结束了。在雄黑猩猩们被引进群落两个星期之后，大妈妈与格律勒被从群落中转移了出去。在接下来的几个月中，耶罗恩的表现给余下的黑猩猩们留下了深刻印象，以至于她们都在他面前表现出了服从倾向。耶罗恩主要是靠所谓的鼓乐会来达到这一点的：他会在那些中空的金属大鼓上长久而有节奏地踩踏着。每当他做这件事的时候，整座房子都在随着他所击出的鼓声而轰鸣着。他会以一种突然跃进其他成员之中的方式来结束他的鼓乐独奏，紧接着他又会毛发竖立着上演一段狂野的冲锋。如果谁没能及时从他冲锋的路上避开，就会挨上一顿打。

3个月后，耶罗恩显然已经坐稳头领的位置。这时，大妈妈与格律勒才被允许回到群落中。那面面相对的场面自然令双方都感到极为困窘！一个名叫提歇·范·伍尔芙藤·泡斯的学生目击并记录下了所有那些引人入胜的场景。她在报告中写道：

大妈妈和格律勒的进入在黑猩猩群落中引起了巨大的骚动，大厅里充满了震耳欲聋的喧嚣声。那景象与当初的情景非常相似。那三只成年

大妈妈与莫尼克

雄黑猩猩又一只叠一只地堆聚在那只最高的鼓上面并不停地尖叫着。他们又一次因为害怕那些雌黑猩猩们而腹泻。雄黑猩猩们的排泄物中有一些落到了大妈妈的腿上，她花了好长一段时间才用一段磨损了的绳子将自己全身的皮毛仔细地清理了个遍。大妈妈对那三只雄黑猩猩充满了敌意，她竭尽所能地向他们发起了多次攻击。

不过，这一回的情况有显著不同。这一回，大妈妈没有得到群落内任何其他成员的支持，甚至没有得到格律勒的支持。在进入大厅十分钟后，格律勒就与耶罗恩有了友好接触。雌黑猩猩们之间的团结的崩溃意味着雄黑猩猩们对于大妈妈的畏惧很快就会消失。几个星期后，大妈妈的首领地位就被废黜了。从那时起，耶罗恩就成了"老板"。

通过暂时将大妈妈与格律勒从群落中转移出去，这两个雌性借以在雄黑猩猩们面前表现权威并对他们实施统治的雌黑猩猩之间的强大联盟被瓦解了。尽管这件事早在我开始在阿纳姆的研究前就已经发生了，我还是因为这一干预行为而受到指责，尤其是受到那些女权主义者的指责。我们为什么要让雄黑猩猩居于统治地位？难道大妈妈不够好吗？

这一干预是有不少理由的。众所周知，在荒野中，居于统治地位的总是成年的雄黑猩猩。即使在没有人为干预的情况下，我们的雄黑猩猩还是很可能会取得统治权，只不过晚一点、困难也更多一点而已。推测起来，在冬季，在憋闷的室内大厅中，雄黑猩猩们应该是不会成功的。然而，在广阔的户外圈养区中，那些雄黑猩猩就能与大妈妈及其他雌黑猩猩保持一定距离了。到了那时，或许，他们就会获得勇气，并且，慢慢地，他们会以每个星期都有所加剧的方式进行富于刺激性的虚张声势的武力表演。在户外，他们还会有机会将大妈妈与她的支持者们隔离开来，从而与她单打独斗。成年雄黑猩猩可要比成年雌黑猩猩体格强壮得多，跑起来也快得多。

这种权力更迭方式当然更自然，但动物园管理方却等不及这一自然过程的到来了，因为当时有一种非常急切的理由去抑制大妈妈的权力。在那些雄黑猩猩被引进来之前，黑猩猩受伤害的频率几乎是每周一个，而那些受了伤的黑猩猩就得被隔离开一段时间，直到恢复健康。那些伤害大多是大妈妈的作品。她不仅经常咬其他的黑猩猩，而且还使得他们流血，有时还会撕裂她的受害者的皮肤。尽管雄性不那么温和，但他们很少表现出这种伤害性的攻击。他们似乎能更好地控制自己的攻击本能。而且，他们还会通过介入雌性之间的战斗来防止她们之间的冲突升级。考虑到群落内出现的那么多伤害事件，对动物园管理方来说，耶罗恩在群落中的权力上升实在是一种解脱。从这场权力更迭中获益最多的是那些地位最低的个体。尽管耶罗恩也会严厉，但他绝不会做得太过分，他绝不会像大妈妈那样实施猛烈的攻击。[①]

随着岁月的流逝，大妈妈的变化相当大。在群落建立之初的那些年份当她享有至高无上的权力的时候，她会像雄黑猩猩那样对其他个体进行威胁性武力炫示。她会毛发竖立着，一边走一边跺脚。她的专长就是猛踢某扇金属门。当她做这件事的时候，她会像荡秋千一样晃动她的两条长臂之间的宽大躯干。她会将双手撑在地上，然后让双脚猛地冲向某扇门，由此造成猛烈的一击。那一击产生的噪声就像爆炸一样。

我很少听到那些猛击。我到阿纳姆来工作的时候，大妈妈被废黜已

---

① 几年后，当我们试图将雄黑猩猩们与雌黑猩猩们分别关在两个面积相当大的"冬厅"时，地位高的雄黑猩猩在控制攻击方面的有效性就变得清楚了。我们以为雌雄分居会减轻群落中的紧张状况，因为这样，雄黑猩猩就没有雌黑猩猩可竞争了，而雌黑猩猩及她们的孩子也就可以从雄黑猩猩之间的频繁的威胁性武力炫示中解脱出来。几个星期后，雄黑猩猩在他们的大厅里倒是表现得很好，但我们注意到：雌黑猩猩之间的关系却越来越紧张。有一天，情况变得非常糟糕，雌黑猩猩之间出现了严重的互咬，在她们对我们的叫喊不予理睬的情况下，我们只好将雄黑猩猩们放了进来。那些通过耳朵一直跟踪雌黑猩猩们之间的对抗状况的雄黑猩猩冲进了她们的大厅并马上结束了战斗。几天后，我们又不得不重复这样的调遣并达到了同样的效果。我从来没有看到过雌黑猩猩会互相打成那个样子。为了防止更进一步的伤害，我们决定让整个群落住在同一个大厅。

经有两年了。那段时间，她正处于一个过渡期。她已很少表现出那种雄性化的气势汹汹的武力炫示行为，但她对于生儿育女还是没有多少兴趣。那一年，她生了一个孩子，但她却不想自己去照料那个孩子。她老是试图将那个孩子扔给她的朋友格律勒。最后，我们不得不将那个孩子从她身边带走，我们用奶瓶来喂它。在群落建立之初出生的许多黑猩猩幼仔都曾经遭遇过这样的命运。

事隔两年后，大妈妈终于接受了她生的第二个孩子。大概正是从那时起，她才开始安心于她在群落中的新职位。她变得放松得多，也宽容得多了。现在，她的女儿莫尼克活得就像一个公主。现在的大妈妈非常温和并富于护犊之心。群落中所有的黑猩猩都知道：只要她女儿身上有根毛发受到损伤，这个老"女人"的怒火就会被点燃，她从前的急风暴雨式的暴力就会死灰复燃。通过这种方式，莫尼克世袭式地部分地享有着她母亲在群落内所享有的巨大的尊敬。

耶罗恩与鲁伊特

群落里两只最年长的雄黑猩猩耶罗恩与鲁伊特已经彼此认识很长时间了。他们俩都来自哥本哈根动物园，在被引进阿纳姆黑猩猩群落之前，他们很可能已经在同一只笼子里生活了好些年了。从刚开始起，耶罗恩就支配着鲁伊特。他大概要比鲁伊特年长几岁。我们估计耶罗恩大约 30 岁，而鲁伊特大约 25 岁。

鲁伊特有着一种顽皮、几乎淘气的性格。他浑身散发着青春的活力，而耶罗恩给人的印象则要沉稳得多。耶罗恩的胡须已经有点灰白，无论是走路还是攀爬，他都已经不如鲁伊特那么平稳了。所有这些特征都是我们判断耶罗恩是这两只雄黑猩猩中较为年长者的理由，不过，最重要的理由还是他的日渐不济的精力。他的气势汹汹的武力炫示持续的

耶罗恩，老狐狸

时间通常都不太长。他能给人以非常深刻的印象，但很快就会疲劳。有时，在一场威胁性武力炫示结束后，他会闭着眼睛坐着，沉重地喘着粗气。这时，如果出于某些原因他得继续进行他的威胁性武力炫示的话，那么，他就可能会滑倒或者被绊倒，或者在从一根树枝跳向另一根树枝的时候抓不住。这些疲劳的迹象没能逃过他的对手们的眼睛。在鲁伊特以耶罗恩的对手面目出现的那段时间中，这一点更是显而易见。在互相

鲁伊特

进行气势汹汹的武力炫示的时候，每当鲁伊特看到耶罗恩显出疲态时，他就会加倍努力。

由于耶罗恩与鲁伊特具有相同的背景，我们可以说他们是老同志。然而，他们之间的这一无可置疑的关系却经常被他们之间的不和所模糊。在群落生活中，他们已经变成了对手。也许我们最好说：他们既是互为竞争的对手，又是朋友。事实上，他们互相都不正眼看对方，这实在是有点令人惊讶。我曾经总是想象他们会携起手来一起成为群落的最高统治者。也许幸好没有发生这种情况，因为如果那样的话，群落中所发生的事情也许就不会那么有趣了。

许多年以来，我对这两只变换了多次角色的雄黑猩猩一直都很熟悉，所以，我能判断出他们的性格。否则，这将不会是一件容易的事情。例如，如果我们只是了解一只雄黑猩猩在担任雄 1 号角色时的情况，我们很可能会认为他是非常自信的。而事实未必如此。一旦他的地位受到严重威胁，他的自信就可能消失得无影无踪。

耶罗恩天生就工于心计。他会以一种差不多神经质的方式密切地注视着他所感兴趣的东西。当他正在追逐着他的目标物时，他会置其他一切于不顾。正如后面所发生的故事将会证明的那样，他真是个积极进取而又能干的家伙。

耶罗恩所需应对的不仅是年龄的增长和耐力的减弱，他还有一项严重的生理缺陷。每当他性兴奋的时候，他的勃起的阴茎就会碰上一个皮下褶皱并被它所阻挡，因而，他的阴茎总是不能露在包皮之外。他有正常的交配冲动，也会经常爬骑到雌黑猩猩的背上，但他却没法使她们怀孕。他做过两次手术，但没多大效果。

鲁伊特要比耶罗恩善于交际得多。他性格坦率、友善，很受伙伴们的喜爱。他几乎总是处于一种心情甚佳的状态，并给人一种"可信赖"的印象。一些对黑猩猩相当熟悉的学生都曾经不约而同地告诉过我他们关于耶罗恩与鲁伊特的看法：耶罗恩给人以"他会在你的眼皮底下欺骗你"的印象，而鲁伊特看起来则像是"一个你可以依靠的'人'"。鲁伊特知道自己的力量并以此而自豪。每当他进行威胁性武力炫示的时候，他的炫示总像是一道充满节奏与活力的美丽风景。没有任何其他的黑猩猩能像鲁伊特那样给人以如此深刻的印象同时又显得那么优雅。

普伊斯特

普伊斯特是一只体格特别粗壮的成年雌黑猩猩，她走路与站立的样子都很粗鲁。从正面看时，很多人以为她是雄性；从背后看时，才发现她原来是雌性；对此，连一些黑猩猩研究专家都常常感到吃惊。在性生活方面，她也是异常的：她拒绝交配。由于从不怀孕，所以，年复一年，她总是每个月都会炫耀一番她的生殖器的肿胀部位。（正如人类的情况一样，雌黑猩猩的月经周期也会被怀孕和哺乳所打断。）因此，对于雄性，她总是定期地具有性吸引力，不过，她是不许碰的。

但普伊斯特远不是性冷淡者。首先，她热衷于手淫。自慰是一种经常出现在被拘禁的黑猩猩身上的声名不佳的现象，不过，在我们的黑猩猩群落中，普伊斯特是惟一具有这一习惯的。奇怪的是，她只是在不是处于"粉红期"时才手淫。她用手指快速摩擦阴户大约一分钟。从她的脸上我们看不出任何迹象，但手淫肯定是有愉快的效果的，否则，她为什么要这样做呢？

其次，她还时不时地表现出一种同性恋行为。当别的成年雌黑猩猩呈现出生殖器肿胀现象时，普伊斯特就会邀请她性交。有时，雌黑猩猩会接受普伊斯特的邀请，这时，普伊斯特就会在那只雌黑猩猩背上爬骑一会，并以与雄黑猩猩们同样的交配方式猛烈地推插起来。

普伊斯特，"管家婆"

　　她对其他雌黑猩猩的兴趣甚至走得更远。每当成年雄黑猩猩们聚集在某只具有性魅力的雌黑猩猩旁时，我们常常会发现，普伊斯特正混迹于那些雄黑猩猩们之中。在这样的时刻，雄黑猩猩之间会存在一种紧张的竞争气氛。每当有个雄黑猩猩准备与雌黑猩猩性交时，普伊斯特就会不时地做出某些反应，似乎对于眼下的性交是否可以容忍她也与那些雄黑猩猩们一样具有发言权似的。有时，她还会与那些试图阻止这种接触的雄黑猩猩们联手实施攻击。另一方面，如果雌黑猩猩拒绝性交而雄黑猩猩还试图坚持的话，她就可望从普伊斯特那里得到强有力的支持。由于在性交活动中起着这种独特的调节作用，我们有时会开玩笑地称她为"（情场）管家婆"。

要说哪只黑猩猩最招人喜爱，每个人意见都各不相同。但另一方面，若要说群落成员中谁最不讨人喜欢，大家的意见则惊人的一致：每个人都绝对会说，那就是普伊斯特。她甚至会被比作一个巫婆。她给人以两面派与低贱的印象。普伊斯特不仅经常与成年雄黑猩猩们为伴，而且，她还经常与他们结盟。除了跟性有关的场合，她通常也都不会去支持其他雌黑猩猩。每当其他的雌黑猩猩互相帮助着抵抗雄黑猩猩的攻击时，普伊斯特加入的总是雄性一方。若有雄黑猩猩攻击雌黑猩猩，有时，普伊斯特还会朝受害者冲过去，咬她或打她。此外，她还能成功地唆使雄黑猩猩去攻击雌黑猩猩。由此，群落内地位低下的雌黑猩猩们都怕她，对此，人们自然不会感到惊讶。

除了这种恶行外，普伊斯特还有一个我们会称为"欺骗"或"说谎"的特点。在一场战斗中，如果普伊斯特未能抓住她的对手，那么，我们就会看到：她会慢慢靠近她的对手，而后发起突然袭击。她还会以惯常的方式邀请她的对手和解。她先伸出一只手，当对方迟疑地将手放在她的掌心时，她就会突然紧紧地抓住对方。这种行为已经反复地被观察到过，并给人以这样的印象：这是一种蓄意以伪装的善意来实施报复的行为。无论我们是否将它看做欺诈，其结果都是：普伊斯特是不可信的。每当她靠近的时候，低级别的黑猩猩就会表现出犹豫不决的样子：他们不信任她。

除了与身为雌性的特普尔有着特别的关系外，普伊斯特完全是游离于雌黑猩猩核心群体之外的。在群落中的所有成年成员中，她是惟一一个与异性待在一起的时间比与同性待在一起的时间还要长的成员。由此，她在群落生活的雄性与雌性两个半"球"之间占据了一个中间位置。随着岁月的流逝，假如这两个半"球"之间的距离变得越来越大的话，普伊斯特倒是可以及时成为将他们重新联结起来的一种重要的中介因素的。有趣的是，在贡贝河流域的野生群落中，也有一只体格巨大、看起来像雄性的雌黑猩猩——吉吉，她也不会生育并与雄黑猩猩们保持着密切关系。吉吉与普伊斯特之间的一大区别是：吉吉不拒绝与雄性性交。①

格 律 勒

　　格律勒是一只雌黑猩猩，长着大猩猩那样黑的脸和那么直的后背。② 与大妈妈及普伊斯特一样，她也是群落中最有影响力的雌黑猩猩之一。不过，另外两位都是体格非常强壮的，格律勒则长得小巧纤细。与她的纤弱外表形成对照的是，她的性格要暴烈得多。她"知道什么是她所需要的"。她的面部总是带着一种果断的表情，无论做什么事，她都是那么坚定、果敢。推测起来，格律勒所具有的较高社会地位大概来自她与大妈妈的坚定的同盟关系。她与大妈妈及另一雌黑猩猩弗朗耶都来自德国的莱比锡动物园。大妈妈与格律勒从一开始就互相支持。她们不仅经常在一起对付攻击者，而且还互相寻求安慰与鼓励。每当她们中的一位刚从一场令人痛苦的冲突中脱身出来时，她就会走向另一位以求

---

　　① 普伊斯特被观察到的第一次性交出现在 1981 年 1 月 28 日。这一戏剧性变化是由尼基引起的。在第一次性交发生前的几个月中，尼基多次邀请普伊斯特性交；如果她拒绝，他就会上演一场精心炮制的气势汹汹的武力炫示，这种活动通常会以普伊斯特变得极为激动并跟在尼基后面而达到高潮。这个时期，耶罗恩是普伊斯特的支持者，但真正会对尼基实施攻击的是这只大块头雌黑猩猩自己。她几次让他受了伤，以表明她的抵抗是严肃的与猛烈的。然而，尼基的坚持不懈终于使普伊斯特第一次呈现了她的生殖器。她会将屁股呈现给他，尼基则会爬骑在她身上，但在插入发生前她又会跳开。随着时间的推移和压力的持续，普伊斯特持续地呈现生殖器的时间也在增加，直到性交发生。大约一年后，普伊斯特生下了一个健康的女儿——彭佳。她最终证明自己是一个完美的母亲。
　　② 格律勒（Gorilla），源自非洲语，后被希腊化和拉丁化，原义为"多毛兽"或"多毛（女）人"，1847 年起被用作现存最高大粗壮的（非洲）猿的学名，汉语中通译为"大猩猩"。——译者

格律勒

得到对方的拥抱。那时，她们就会在彼此的怀抱中放声尖叫。有时，这种接触似乎马上就能给她们以勇气，让她们两个凶猛地去追赶那个对手。这样的时候，没有一只孤身的黑猩猩敢待在原地不动的，即使是雄黑猩猩也不敢。

　　格律勒喜欢年幼的黑猩猩，她一直在照顾和保护着大妈妈与弗朗耶的孩子——莫尼克和丰士。许多年以来，她的身份从来没有超出过"阿姨"，因为她自己生的孩子全都在几周内死了。这当然不是因为她抱孩子的方式有问题。推测起来，这大概是因为她奶水太少。

　　这种令人丧气的局面直到 1979 年才算结束。那一年，我们做了一项在公众中引起广泛注意的独特试验。简而言之，我们教格律勒用奶瓶喂一只黑猩猩婴儿。那个叫做"茹丝耶"的孩子并不是她自己的。在由人照料了10周后，格律勒收养了茹丝耶。从那时候起，茹丝耶就黏上了她的养母并完全依赖于她。格律勒无微不至地照料着她，她不仅用奶瓶喂养她，而且，大约一周之后，她自己也开始有奶水了。这大概是因为她的奶头受了茹丝耶的吮吸的刺激吧。过了一段时间，茹丝耶就能从格律勒那里获取她每天所需的奶量的一半以上了，其余的奶量是从奶瓶获取的。

当饲养员莫妮卡·藤·图恩特和我刚开始这个实验的时候，我们立即就碰上了两个困难。第一个困难是预料之中的。格律勒自己喜欢喝奶，她总是试图喝光茹丝耶奶瓶中的奶。我们用愤怒和抱怨阻止了她这样做。第二个困难则是没有预料到的——在我们做示范动作给她看时，她并不怎么专心。莫妮卡每天都会带着茹丝耶坐在格律勒夜宿用的笼子前面，向她示范怎样用奶瓶来给孩子喂奶。我们希望格律勒会去模仿她，可我们没那么幸运。格律勒甚至连看都不看莫妮卡，她老是朝相反的方向看。这种张望方式并不是由于缺乏兴趣，因为她想要的是尽可能近地与那个孩子在一起。当一只雌黑猩猩来到一个其中有新生婴儿的群体中时，我们同样可以看到这种现象。某些黑猩猩，尤其是年轻的雌黑猩猩，会始终在那婴儿附近逗留，然而，一旦那个母亲对着她们看时，她们马上就会明确不过地转移她们的视线。她们以这样的方式来掩盖她们的兴趣。也许，如果她们太过于明显地注意那个孩子，那么，她们就会激怒那个母亲。格律勒在面对莫妮卡时就是以与此完全相同的方式行事的，大概这就是模仿仅仅在学习过程中才起一定作用的原因。

我们转而求助于一种条件反射的程序。我们一步一步地教格律勒每一件事，奖励她少许美味的食品。在她收养了那婴儿并经过几周这样的训练后，她开始表现出一些理解的迹象。她开始做一些我们不曾教过她怎么做的事情，而且做得完全合情合理。例如：如果茹丝耶呛着了，格律勒就会很快将奶嘴从她嘴里拔出来，并且只有在那孩子打完嗝时才会

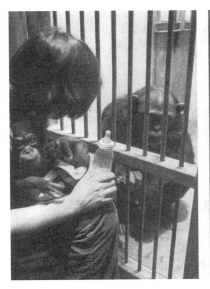

　　茹丝耶（"小玫瑰"）是世界上第一只由她自己的同类用奶瓶喂养的动物。前页：当格律勒在她的寝室里时，"喂养"课就会开课（左上）。我们的任务主要是阻止格律勒自己把奶喝掉。在不情愿地放弃了一次畅饮后（下方），她以尖叫来回复我们的责骂。不过，正在那时，一个重要的时刻来临了——她终于发现了待在她笼子里的草堆中的孩子（右上）。本页（上）：格律勒正在用奶瓶给茹丝耶喂奶。

重新将那奶瓶放进她的嘴里。从此之后，我们觉得我们已经可以将喂养的任务完全托付给格律勒了。

因为与格律勒一起生活在群落中，茹丝耶正在享有一个比人所能提供的要自然得多的童年时代。对于格律勒自己来说，这次收养实验的成功也是具有重大意义的。过去，每当自己的孩子死亡时，她都会陷入一种情绪低落的状态。她会连续几个星期蜷缩着坐在某个角落里而对身边所发生的一切毫无反应。有时，她还会情不自禁地尖叫与哀嚎起来。在收养茹丝耶之后，情况就不同了。在那以后的这些年里，格律勒能够用同样的方式用奶瓶来喂她自己的新生婴儿了，即使这样做的实际需要比预料的要小。除了奶瓶喂养外，茹丝耶还得到过格律勒的自然式哺乳，这显然大大刺激了格律勒的产奶能力，以至于她后来所生的孩子几乎不需要用奶瓶来补充喂养了。

尼基与丹迪

至此，我们已经遇见过了这出政治剧中的几乎所有的主要演员。如果不是因为尼基的到来，大妈妈、耶罗恩、鲁伊特、普伊斯特和格律勒就该在一个已经稳定的群落中度过多年相当安逸的生活了。尼基是这个故事中的青年英雄——既不是一个辉煌的英雄也不是一个悲剧的英雄，而是存在于所有演变背后的一种动力。他的无穷的精力和狂暴的、富于刺激性的行为具有一种催化剂的作用。他一点一点地破坏了群落的组织结构。在寒冷的日子里，尼基通过不停的活动来使其他成员得以保持温暖；在炎热的日子里，尼基又打扰他们的睡眠。

尼基长着大块大块的肌肉和一个宽大的额头，表情有点呆笨，这使得他的外貌看起来像个乡巴佬。然而，外貌可能是具有欺骗性的。其实他非常聪明，而且，他还是群落中跑得最快、运动特技最高的猿。他的威胁性武力炫示因为壮观的跳跃和筋斗而富有特色。尼基来我们这里之前曾经在《假日冰上滑稽剧》中出演过角色。进入青春期后，他的主人们觉得得摆脱他，这大概是因为他刚刚萌发的性兴趣。他的身体也迅速发育，很快就长得非常强壮，而且，他的犬齿也开始长出来了（一只完全成年的雄黑猩猩的牙齿就像一只成年黑豹的牙齿一样危险）。

尼基刚加入阿纳姆群落时大概10岁。那时，他的体型与丹迪——一只大约8岁的雄黑猩猩一样大。然而，到12岁时，尼基进入了爆发性生长期，而丹迪却没有，结果，现在，尼基的体型差不多是丹迪的两倍那么大。丹迪的特征与尼基正好相反。他的体型瘦小，眼睛里透露着敏感和机灵的神色。丹迪是这个家庭中的知识分子。每一个人都相信他是整个群落中最聪明的。他不仅会以高超的计谋愚弄其他的黑猩猩，而且还会愚弄人类。我曾经目击过的最有趣的事例是一件与一个临时饲养员有关的事。由于发现早上很难将丹迪哄出笼子，几天来，那个饲养员一直都在抱怨。丹迪断然拒绝与其他黑猩猩同时出笼。我向那个饲养员建议：将丹迪在笼子里关上一整天而且不给他任何食物，以示惩罚。这一严厉的措施在以往的情况下屡试不爽。但那饲养员想到了一个他以为聪明得多的方法。几天后，他骄傲地向我炫示他的成果。当时，其他的黑猩猩都已出笼，只有丹迪还坐在里面，举着他的手。饲养员将两根香蕉放在他手里，于是，丹迪很快就走出了笼子。那个饲养员以为他已经教会了丹迪走出笼子，但在我看来，那还不如说是丹迪教会了饲养员要给他香蕉。如果其他的黑猩猩都得知这种勒索所可能产生的结果的话，那么，等待着我们的将会是一个什么样的局面啊！想到这儿我就不寒而栗。

在许多场合中，丹迪都明显表现出了非同寻常的智力。例如，我们从来没有碰上过一次丹迪不在其中的黑猩猩逃逸事件。这种现象暗示着，他很可能就是这些逃逸事件的策划者；而在大多数情况下，我们知道，这的确是事实。

丹迪处于这样一种社会地位，因而，他对自己的所有行动都不得不深思熟虑。雄黑猩猩们的青春期要持续几年。他们在8岁左右就已经性成熟了，但是，在社会意识和能力方面，他们则要到15岁左右才能算是成熟了。在这一过渡期，雄黑猩猩越来越疏远雌性与孩子，但这时，他们还没有被成年雄性认可为与他们一样的成年雄性。在自然环境中，这些青春期的雄黑猩猩们经常独自漫游。有时，他们又会连续许多天与自己的母亲及比自己年幼的亲属待在一起。另一些时候，他们会犹犹豫豫地向某个成年雄性团体作出友好的姿态。青春期的雄黑猩猩们着迷于比自己年长、比自己能干的成年雄性，但从他们手上得到的只是粗暴的对待和拒绝。在他们为自己在雄性之间的等级秩序中获得一个位置前，他们会一直处在既不属于这个阵营也不属于那个阵营的尴尬处境中。与尼基不同的是，丹迪还处在青春期的痛苦挣扎中。与他的生活在荒野中的同辈相比，他处于一种不利的地位，因为他不再有一个母亲可以投靠，也无法避免成年雄性的粗暴。有一只叫施嫔的成年雌黑猩猩看来给了他许多他所需要的母性的温暖和爱。在某些时期，甚至是丹迪已经几乎完全成熟的现在，他们两个还是不可分离的。

丹迪不得不靠他的狡诈来弥补体力上的不足。我曾经与德国摄影师彼特·费拉一起目睹过一次令人惊异的事例。我们在黑猩猩圈养区里藏了一些柚子。果子大半埋在沙中，但有些黄色的表皮露在外面。那些黑猩猩知道我们在做什么，因为他们看到我们带着一只装满水果的筐子走到户外的场地上，并且看到我们带着一只空筐子返回了。当他们看到那只空了的筐子时，他们发出了兴奋的吼声。

他们一被放出来就开始疯狂地寻找，但没有成功。许多黑猩猩都在没有注意到任何东西——至少，我们这么想——的情况下就从那块埋藏有柚子的地方走了过去。丹迪也从埋藏的地点走了过去，他根本没有表现出停下或放慢脚步的迹象，也没有表现出任何特别的兴趣。然而，那

尼基

天下午，当所有其他的黑猩猩都在太阳底下打瞌睡时，丹迪站了起来并直奔埋藏地点。他毫不犹豫地挖出了那些柚子，而后悠闲自在地吞吃起来。如果丹迪不是将埋藏地点作为一个秘密保守着，那么，他或许就会将享受柚子的机会留给其他的黑猩猩了。

这个实验是从埃米尔·门泽尔关于黑猩猩之间的信息传递的研究中所采用的方法得到启发的。从他的研究中我们得知，黑猩猩是具有互相欺骗的能力的。但我们没有料到的是，黑猩猩所进行的欺骗会那么完美。丹迪果断地返回埋藏地点的行为让我们吃惊得像完全掉了魂似的，以至于彼特·费拉没能来得及拍下这次事件。

各雌性子群

在由 9 只雌黑猩猩组成的雌性群体中，我们又可以将其区分为 3 个子群。子群是由经常待在一起、互相照顾对方的孩子并在碰上麻烦时互相支持与安慰的一些雌黑猩猩组成的。最大的子群是由大妈妈（与莫尼克）、格律勒（与茹丝耶）、弗朗耶（与丰士）和安波组成的。在这一子群中，最后两只雌黑猩猩还没有被介绍过。弗朗耶的牙齿与身体都不好，这大概是因为她已经比较老了。她天生就非常迟疑与胆怯。每当有什么东西打扰她时，她总是第一个以大声吠叫发出警报。例如，在遇上一只大蜘蛛或在几百张游客的脸中突然认出那个动物园兽医时，她都会高声大叫。渐渐地，其他的黑猩猩就很少去注意弗朗耶的作为警报的叫声了，就像他们很少会去注意那些幼猿所发出的警报信号一样。（与此形成对照的是，一只成年雄黑猩猩或高等级雌黑猩猩所发出的警报则会引起迅速的反应。）

当弗朗耶心烦意乱的时候，例如，在她被一只雄黑猩猩追逐之后，她的腿就会抖个不停，有时甚至会呕吐。她躲避着所有的麻烦，只有对她的儿子丰士卷入其中的战斗她才会加以干预。

在大妈妈与格律勒没有自己的孩子前，多年来，丰士一直是她们俩的宠物。丰士之所以没有表现出他母亲那样的神经质迹象，也许可以用这两只有影响的雌黑猩猩对他所提供的保护来解释。无论在外貌还是性格上，丰士看起来都像鲁伊特。他生就了一种快乐和特别友好的天性。

安波是在大妈妈带着她的女儿莫尼克出现在群落中的时候加入这个第一子群的。安波似乎完全被这个孩子迷住了。因为直到孩子15个月时大妈妈才允许安波抱她，所以，她不得不非常耐心。一开始，安波被允许用背驮着莫尼克走5米，而后大妈妈就会要回她的孩子。随着时间的推移，她被允许的距离也在不断增加；几个月后，安波已经承担起了大量的对莫尼克的日常搬运和看护工作。安波变成了一个"二娘"或"阿姨"。

安波现在仍然还年轻。她是群落中的4个"姑娘"中最年长的。那时，安波大约5岁左右，而最年轻的女孩亨妮刚来的时候才3岁。这些年来，这些年轻的雌黑猩猩都相继进入了青春期。1976年，安波第一次出现了生殖器肿胀现象。每过一个周期，她的生殖器肿胀程度就会变得更大，对雄黑猩猩也就更有吸引力。她的第一次怀孕是以流产结束的，第二次则是一次假孕。这看起来也许很令人失望，但在年轻的雌黑猩猩中，这种失败与其说是例外还不如说是常规。这就是所谓的青春期不育现象，这一现象推迟了雌黑猩猩们成为母亲这一重大步骤的到来。现在，安波大约11岁，正是野生雌黑猩猩们可以指望生她们的第一个孩子的年龄。

在青春期，雌黑猩猩们的日子要比雄黑猩猩们好过一些。她们不必通过战斗打开一条进入成年者的社会结构的通道，而且，她们所受到的对待也要比年轻的雄黑猩猩们所受到的宽厚得多。为其他雌黑猩猩的孩子们所着迷的并不仅仅是安波，另外3个姑娘同样如此。通过与较年长的雌黑猩猩们对于最年幼的黑猩猩们的共同兴趣，青春期的雌黑猩猩们平稳地维系着她们与较年长的雌黑猩猩们之间的联系。而照料孩子的技能也以这种方式一代接一代地传承下来。

由于安波走路时总是卖弄风情似的摆动着她的臀部，因而，许多人

弗朗耶与丰士

认为安波是最性感的雌黑猩猩。但是，这种走路方式是否具有一种引发雄黑猩猩们的性欲的效果则是可疑的。她有着一双大而清亮的琥珀色的眼睛①并具有一种坚定的性格。她越来越多地表现出我们在格律勒身上

① 安波（Amber），原意即琥珀。——译者

鲁伊特跟在刚刚 1 岁的小丰士后面爬行。后来，丰士的外貌长得与鲁伊特令人惊异的像，由此，关于谁是他的父亲，是一个几乎没有人会有疑问的问题。

也能看到的那种果断。尽管安波现在对群落的影响还不大，但我们已经可以将她描述为群落中的一个优势角色。

　　由大妈妈、格律勒、弗朗耶和安波组成的雌黑猩猩子群有着可以回溯一段很长的路的来源：其中 3 只年长的雌黑猩猩都来自同一个动物园。另一个子群由三只雌黑猩猩组成，她们三个在群落建立前就一起待在阿纳姆动物园。她们中的一个已有两个孩子，另外两个就充当了这些孩子的"阿姨"。那身为母亲的黑猩猩叫吉米，对于人类来说，她是最不可信任的猿。每当有不熟悉的人被允许靠近黑猩猩们睡觉的地方时，吉米总是试图用卑鄙的诡计引诱他上当。她会从栏杆之间伸出一根稻草，然后表情木然地看着陌生人。陌生人会以为那是一种友好的姿态，是一件礼物，因而会接过那根稻草。就在那时，吉米的另一只手会飞快

被安波"阿姨"驮在背上的莫尼克。

地伸出栏杆并紧紧地抓住她的受害者。接下来,松开她的手的惟一途径就是靠另一个人帮忙了。

　　对于她的猿类同伴来说,吉米就不那么讨厌了。她有着一种平和到几乎呆板的脾气并与几乎所有其他的个体都相处得很好。在社会生活中,她所占居的至少是与大妈妈同样的中心位置。她们之间的差异在于:吉米对群落的活动的影响要比那个老女家长小得多。

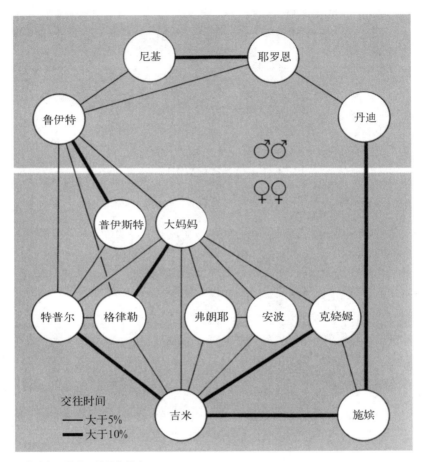

群落内部交往关系的结构样式

通过定期检查，我们能够推测出黑猩猩们之间的交往倾向或友好关系。这张社会关系网络图是根据 1976—1979 年间的 2 400 例观察记录而绘制的。其中所涉及的黑猩猩只限于群落中的成年成员：处于顶部的是 4 只雄黑猩猩，处于底部的是 9 只雌黑猩猩。细线连接的是互相之间有超过 5%的时间待在伸手能及的距离之内的个体，粗线连接的是互相交往的时间超过 10%的个体。互相交往时间最长的是克娆姆与吉米，达到 19.5%。

这张社会关系网络图表明：大妈妈与吉米是怎样在雌性关系网络中形成关键联系的。普伊斯特与 4 只雄黑猩猩中的 3 只与这一网络几乎没有关系。雄黑猩猩中最大的例外是鲁伊特，他所维持的联系几乎与那两只核心雌黑猩猩一样多。

吉米的大儿子乔纳斯是那种被宠坏了的孩子的典型。吉米第二次怀孕时，开始给乔纳斯断奶，那时他 2 岁大。断奶引起了他的抗议，他的抗议声比黑猩猩幼仔通常所发出的抗议声要大。每当吉米将他推离她的奶头或用手臂紧紧地遮护着她的乳房使他不能接触到乳房时，他就会爆发出一阵夸张的尖叫声并猛然倒进沙地里，左右翻滚、痉挛着，并发出一种似乎透不过气来的呛声。吉米对他的发脾气越来越不关心，因此，乔纳斯只好到别处去寻找同情。

乔纳斯曾经连续几个星期强迫弗朗耶给他喂奶。如果她拒绝并将他推开或者打他，那么，这个小魔头就会开始尖叫，于是，吉米就会立即用威胁与吼叫向可怜的弗朗耶施压。而后，她会站在弗朗耶身旁，直到乔纳斯被允许吃一会儿奶。弗朗耶所能做的就是尽可能躲开乔纳斯。

差不多一年后，乔纳斯的弟弟杰基出生了，乔纳斯还是显得像是非常需要被哺乳的样子。在生了一个她照常没有接受的孩子后，施嫔倒是有多余的奶水。因为施嫔总是与吉米及她的孩子保持着密切的关系，所以，她允许乔纳斯吃她的奶。我们将她从群落中转移出去了好长一段时间，希望她能停止分泌乳汁，但这无济于事。到 5 岁时，乔纳斯已经完全倾向于受施嫔的照看与保护，他与施嫔待在一起的时间相当于他与自己的亲生母亲待在一起的时间的 8 倍。尽管已没有奶水可喝，但他还是经常将他的"阿姨"的奶头放进自己的嘴里。他让施嫔拥抱、携带并保护自己。与群落中的同龄者相比，乔纳斯真可谓是个"妈妈的宝贝"。

至此，还剩下两位年长的群落成员没被介绍过。其中一位是克娆姆——一只与吉米形影不离的雌黑猩猩。在群落中，她们两位之间的友情之深厚、关系之密切没有任何其他个体之间的相应关系能比得上，即使是大妈妈与格律勒或施嫔与丹迪之间的关系也无法与之相比。

"克娆姆"的意思是"弯曲的"。她的身体是扭曲的，因而，她走路时总是弓着背。有时，她的这一特点会产生一点娱乐效果。那些老是想

四双眼睛紧紧地盯在一只正接近成年的雄黑猩猩身上：从左到右，乌尔、安波与莫尼克、丰士。

着发明新游戏的小黑猩猩们曾经一度疯狂地热衷于扮演"驼背猿"。这些小家伙会整天跟在她后面，排成一列纵队前进，每个小黑猩猩都模仿着克娆姆那可怜的姿态。

克娆姆还有另一种残疾：她是个聋子。每当群落中出现骚乱时，她的反应常常要比其他成员来得慢。她首先得从与自己离得近的其他黑猩猩们的反应来弄明白或推断出正在发生的事。然而，尽管有这一缺陷，她还是很成功地保有了自己在群落中的安全。姿势与表情等形式的视觉通讯显然为她提供了关于群落内成员之间的关系的足够信息。克娆姆的确用声音来表达自己。尽管她的声音听起来有点怪，但她的确能按照自己的安排使用她自己的一整套丰富多样的指令系统。克娆姆的耳聋没有影响到她在社会环境中的正常生活，但这一缺陷对她的后代来说却是致命的。我们设法让克娆姆进行了多次努力，但她的孩子还是全都在出生几个星期内就死了。黑猩猩幼仔会发出各种对母亲来说重要的声音。例如，当克娆姆坐在了她的孩子的身上时，那个孩子就会发出尖叫。通常，这样的抗议声都会使那个母亲作出快速改正，但克娆姆却无法随之做出调整。现在，我们都是在她一生下孩子后就将孩子从她身边拿走。第一个被这样转移走的孩子就是茹丝耶，她现在正在格律勒的养育下不断长大。

群落中第二个被收养的孩子是乌特。他是以瑞士灵长目动物学家沃尔特·盎斯特的名字命名的（荷兰语中的"乌特［Wuter］"与德语中的"沃尔特［Walter］"相对应），我在乌得勒支大学的简·范·霍夫实验室从事短尾猕猴研究期间，他曾来这个实验室拜访过简·范·霍夫。简邀请我与他们一起去访问阿纳姆，那是我第一次看到这个黑猩猩群落。

在我们访问那天，施嫔生了个孩子。她连续几个小时背对着这个孩子，拒绝接受它。这孩子被包在毛巾被中带走了。它是个"男孩"，我们决定给他取名为"乌特"。

最初几个星期，乌特是在简·范·霍夫家里得到照料的，直到从阿纳姆那边传来消息说，另一只雌黑猩猩特普尔也生了孩子，但她的婴儿在出生后一小时内就死了——大概是早产的缘故。乌特马上就被带到阿纳姆，放在一只夜笼中的草堆里。然后，特普尔被引进那只笼子。令人宽慰的是，她马上就接受了他。特普尔有充足的奶水可以提供，而乌特也几乎没什么困难地就发现了哪里有奶喝。特普尔长着一对引人注目的大奶头，因而，这一特征就成了她的名字［Tepel］，意即"奶头"。据我们所知，这是猿类社会中发生的第一次完全成功的收养事件。正是由于这次的宝贵经验，后来，我才敢在格律勒与茹丝耶之间尝试更为棘手的收养程序。通过收养乌特，特普尔成了群落中的养母先驱。她是第一

乔纳斯仍然喜欢施嫔"阿姨"的溺爱与爱抚。

个成功地收养了一个婴儿的雌黑猩猩，她给群落中的其他的雌黑猩猩们树立了一个榜样。黑猩猩们需要榜样。与猫和鸟不同的是，黑猩猩并不天生具有作为父母照料孩子的足够知识。特普尔的知识是从另一个动物园中带来的。

　　6 岁的时候，乌特已经有着与他亲生母亲施嫔同样瘦长的身材，"施嫔〔Spin〕"的意思是"蜘蛛"；他们两个的四肢都异乎寻常的细而长。乌特也有着施嫔那样的大无畏性格：无论对手多么强大，施嫔都敢

　　小黑猩猩们通过观察他们的长辈来学习什么东西是可吃的：乔纳斯（左）密切地跟踪着格律勒从腐烂的木头中取出一条条虫子的过程。

怒目相向并坚持自己的立场。乌特是独立自主的典型，他的这一特点与乔纳斯恰好形成对比。我总是觉得自己与乌特之间有着某种象征性的联系，或许，这是因为：在我第一次访问这个群落的时候，我曾经将身为新生婴儿的他抱在怀中。他是整个黑猩猩群落中最鲁莽的一个。他常常朝观察者及公众扔石头，尤其喜欢朝其他黑猩猩扔石头；如果因此而激起了被攻击者对他的攻击性反应，他就会飞快地逃到他的"阿姨"普伊斯特身边去。

第三个也是最后一个子群是由特普尔和她的两个孩子——乌特和泰山组成的，这两个孩子与普伊斯特都有着一种非常特别的关系。他们与那只大块头雌黑猩猩并不特别经常联系，这也许是因为普伊斯特花那么多时间与成年雄黑猩猩们在一起的缘故。但在出现紧急情况的时候，他们之间的关系就变得特别明显了。在那个时候，特普尔尤其是她的孩子们会请求普伊斯特来帮助他们。通常，普伊斯特是不会向雌黑猩猩或孩子们表示声援的，但这个家庭对她来说是个例外。特普尔一家与普伊斯特之间的关系有时也会在普伊斯特玩兴正浓的时候表现出来。在这样的时候，她会让特普尔的孩子们跟在她后面一起玩弹跳游戏。

也许，将来还会出现一个以安波为核心的雌性子群。一旦安波有了自己的第一个孩子，其他"姑娘"与安波的关系就可能变得紧密了。这3个雌性个体——乌尔、茨瓦尔特与亨妮在这个故事余下的部分中所扮演的角色不怎么重要，因而，没有必要详细地介绍她们，尽管她们中的每一个都已经有她们自己的个性。

群落的结构

除了在群落中出生的个体，所有的黑猩猩的名字开头都有一个不同的大写字母。这些大写字母被用作我们观察活动中的编码。群落的结构也就以这样的方式被快速而简明地标识出来了。群落中有3只成年黑猩猩（Y，L与N），1只青春期雄黑猩猩（D），8只成年雌黑猩猩（M，G，F，J，K，S，T，P）与4个"姑娘"；在4个"姑娘"中，有1只已差不多成年（A），另外3只则正处于青春期（O，Z与H）。

除了那2个被收养的孩子外，那些在群落中出生的黑猩猩的名字都是以与他们母亲的名字的头一个字母相同的字母开头的。每一只雌黑猩猩的第一个孩子的名字中都有一个"o"作为其中的第二个字母，她的第二个孩子的名字中则都有一个"a"作为其中的第二个字母（例如，吉米［Jimmie］的第一与第二个儿子分别叫做"乔纳斯［Jonas］"与"杰基［Jakie］"）。群落中有 7 个孩子，其中，只有 2 只最小的是雌性。

　　与野生黑猩猩群落相比，这只是一个小群落。然而，由于野生黑猩猩群落的可变性强，因而，阿纳姆黑猩猩群落的规模与构成肯定不会落在野生黑猩猩群落所有的范围之外。日本灵长目动物学家杉山幸丸曾经与一个同事一起连续几个月跟踪过一个仅由 21 只黑猩猩组成的黑猩猩群落。这个野生群落中的成年雄性与成年雌性之间的比例与阿纳姆群落中的相应比例相差不大。

　　这个野生小群落是一个关系紧密的群落，其中的高等级成员们花在聚会上的时间差不多占 20%。对于野生黑猩猩来说，这个比例是相当高的，因为野生黑猩猩通常都是分散成"帮伙"形式的子群并以"帮伙"为单位一起在丛林里游荡的。正是在这一点上，我们的群落是不同寻常的：作为一个单位中的成员，他们的时间 100% 都是在一起度过的。

　　在杉山即将去非洲收集这一数据前，他访问了阿纳姆。他差点没法离开阿纳姆去继续他的旅行。当他登上我们的观察塔并因受到黑猩猩们的吸引而从窗口探出身子时，尼基正好开始进行一场威胁性武力炫示。当我发现尼基放在背后的那只手里拿着一大块木头时，我立即用荷兰语对杉山高声喊道："小心！"但为时已晚。正当他礼貌地向我微笑并点着头问我刚才的叫喊是什么意思时，尼基的"飞弹"已经射出来了。我猛地一把将杉山拖离窗口，只见那块厚重的木头呼啸着从他的头顶上掠过去，幸好，只差了那么一点点，那木头没有击中他。在那个下午余下的时间中，他一直用恭敬的目光看着那个"导弹"。后来，我们收到一张从非洲寄来的明信片，在那张明信片上，他表达了对尼基的问候。

相对于我们来说，杉山取得了一项最高纪录：一天之内，他就学会了识别群落里几乎所有的猿，他能叫得出他们的名字并能正确地指出他们是谁，这需要有敏锐的观察能力、良好的记忆力以及正确的态度。观察者必须懂得：一个黑猩猩群落并不是由一群匿名的黑色野兽组成的，相反，每一只动物都有着独特的个性和外貌。黑猩猩们自己区别无论是自己所属生活圈之内还是之外的不同个体，就像我们区别不同的人类个体一样。他们能注意到几乎每一张他们所熟悉的人的脸，即使这张脸出现在一个巨大的游客群中。每一张出现在我们的观察塔——那些猿是将其看做他们的领土的一部分的——上的新面孔都可望受到一场小小的试验。杉山所受到的招待只不过比人们通常所受到的稍稍多了一点戏剧性而已。

第二章　两次权力更迭

　　一个笨重的蒸汽火车头，一辆正向前推进的坦克，一头正在发起攻击的犀牛——这些都是准备践踏一切挡道者的强横者的写照。耶罗恩在进行一场冲锋式武力炫示的时候就是这个样子。在他年富力强时期，他甚至会毛发竖立着径直冲向一打的猿，将他们赶得四处逃窜。当耶罗恩用双脚猛烈而有节奏地跺着大地向前逼近时，没有一只黑猩猩敢待在原地不动。在离他到来还有相当长一段时间之前，他们就会起身准备逃跑；在逃跑时，那些母亲会背或抱着她们的孩子。而后，当那些黑猩猩惊恐地四下逃窜时，空气中就会充满耶罗恩的尖叫声与咆哮声。有时，伴随着这种尖叫声与咆哮声的还有某只或某些黑猩猩被殴打的声音。

　　然后，就像刚才的喧嚣突然开始一样，和平又会突然重返。这时，耶罗恩会端坐在某个地方，其他黑猩猩就会赶紧过来向他表示恭敬。他像一个国王一样理所当然地接受着来自群猿的敬意，并对他的某些臣民明显地表现出一种不值得对之瞥上一眼的傲慢。在这种敬礼"仪式"结束后，每一只黑猩猩又都可以安安静静地坐下来了，孩子们也离开了他们的母亲，在四处漫步；这时，耶罗恩会让自己放松下来，并允许一群雌黑猩猩为他护理毛皮，或短暂地与乔纳斯和乌特打闹一会，这两只小黑猩猩总是想跟这位"大老板"玩上一场虚拟性的战斗游戏。他们会驱赶他并向他投沙子与棍子，似乎他们已失去了对他的恭敬之心。

　　在游戏中，现有的统治与被统治关系被暂时搁置起来时，猿群内并

耶罗恩（左）试图通过站在尼基身边并对着鲁伊特（在画面之外）尖叫的方式来谋求尼基的支持。

无发生混乱状态的危险；因为在此外的时间中，这种统治与被统治关系是足够明显的。在黑猩猩之间存在着一种确认着彼此间的社会地位关系并使之无可置疑的特定的问候方式。在我继续讲述发生在这一群落中的权力更迭故事之前，我想对这种或多或少是形式上的上下尊卑关系做一些解释。

形式上的与实际上的支配与被支配关系

从 1974 年年初到 1976 年中期，谁在群落中处于等级秩序的顶端，这一点是很清楚的。初看起来，耶罗恩的至高无上的地位似乎是以其无猿能比的体力为基础的。耶罗恩的庞大身躯和他充满自信的行为方式会使人产生一种天真的设想，即黑猩猩们的社会是由最强者为王的法则所支配的。耶罗恩看上去要比群落中第二大成年雄黑猩猩——鲁伊特强壮得多。但实际上，这是一个假象，造成这个假象的原因则是：在耶罗恩占据最高统治地位期间，他的毛发总是略微地竖立着的，即使在他不卖力进行那些威胁性武力炫示的时候也是如此，而他走路的时候总是迈着一种缓慢而稳重的夸张的步伐。这种让躯体看起来显得大而沉重因而具有欺骗性的习惯性做法是黑猩猩中的雄 1 号普遍具有的一个特征，正像我们在后面将会再三看到的那样，每当有其他个体将先前占据该位置的个体取而代之时，他们都会这么干。处在掌权的位置上这一事实会使一只雄性在身躯上也给人以深刻印象，这就是前面所说的那个设想——作为雄 1 号的他占据了一个与其外貌相称的地位——得以产生的原因。

躯体的大小与社会地位之间具有某种相关性这一印象，还通过一种特定的行为——恭顺的问候得到了进一步加强。问候是群落内部社会等级次序的最可靠的表征，无论是在自然栖息地还是阿纳姆圈养区中都是如此。严格说来，黑猩猩间的"问候"不过在人看来是"喘着气的咕哝"或"快速的喔嚯"的一串简短的、伴着喘气的咕哝声。当一只黑猩猩发出这样的声音时,作为下属方的黑猩猩是认定了他所问候的个体是居于一种令其仰望的地位的。在大多数情况下,作为下级的黑猩猩会做出一连串深深的鞠躬动作,这种鞠躬动作一个接一个重复的速度如此之快以至于会被人们看做是一种摆锤的摆动。有时候,问候者会带些东西在身上(如一张树叶、一根棍子),他们会朝着他们的上级伸出一只手,或者吻他的脚、脖子或胸部。那只强势的黑猩猩则会以将自己的身体伸展得更高并将毛发竖起来的方式来对"问候"作出反应。这样做的结果是这两只猿之间形成了一种鲜明的对比,即使他们的体形实际上一样大。一个几乎匍匐在尘土之中,另一个则帝王似的接受着对方的"问候"。在成年雄黑猩猩中,这种巨人与侏儒关系还会以戏剧性的形式进一步得到加强;例如,强势的黑猩猩从"问候者"身上跨过或跳过(这就是所谓的具有扬威显贵意味的"跨身而过")。与此同时,那只顺服的黑猩猩会急忙蹲下身子并抬起手臂来保护自己的脑袋。对于雌性"问候者"来说,雄性对其做这种特技表演的行为就不太普遍了。雌黑猩猩通常都是将自己的臀部呈示给那只强势的黑猩猩,让其检查与嗅闻。

雌性生殖器的呈示与被检查是一种黑猩猩所特有的行为,不过,从某些社会人士所作的评论的数量来看,这种行为在人类中是会引起强烈反应的。我曾读到过这样的说法:当一个人受到一只成年雄黑猩猩攻击时,向他呈示自己的臀部对于遏制他的攻击将会被证明是有效的:"脱下你的短裤,给他看你的光屁股!"尽管我不会劝告任何人去尝试这样一种策略,但雌黑猩猩的生殖器呈示的确具有一种安抚效果的可能性是相当大的。但在真正受攻击的那个时刻,她们却从不这么做。一旦攻击者朝她们冲过来时,她们想要表示顺服都已经来不及了。剩下来的惟一选择就是逃还是战。为了避免这样的局面,地位低的黑猩猩们必须在事

尼基向耶罗恩弯下腰并低下头，并用一连串伴随着喘气的咕哝声"问候"他。耶罗恩对这一表示尊敬的动作未予理睬。（鲁伊特在左边。）

态变得太糟之前就觉察出地位高的黑猩猩的攻击情绪。如果那个可能的攻击者是只雌黑猩猩，那么，那个可能的被攻击者所指望退入的安全线通常是根本不存在的，因为雌性的狂怒是会在没有任何警告的情况下爆发出来的。而雄性在攻击情绪的高峰到来之前，会用几分钟时间来做一些动作：从最初缓慢地摆动他们的上身到竖起颈毛再到逐渐加大吼叫声的音量。弱势个体若想借助于"问候"、毛皮护理或臀部呈示等手段来谋求和平，就必须在那雄黑猩猩的攻击情绪达到不可挽回的顶点并开始攻击前就做这些努力。

表示顺服的"问候"可以在黑猩猩们相遇时见到：它是弱势个体对某个强势群体成员的到来或一场威胁性武力炫示的最初的迹象的一种回应，这种"问候"在一场冲锋式武力炫示或一次攻击性的大爆发发生后的一个短暂的时段中尤为常见。"问候"是支配与被支配关系的一

　　雄性之间的冲突有一个逐渐加剧并最终达到高潮的过程，但雌性之间的冲突则没有这个过程。在攻击行为的冲动性上，雌性通常明显强于雄性。在出乎预料的情况下遭到格律勒的掌击后，安波（左）尖叫起来。

种仪式化的确认。这种确认在那种等级秩序被暂时颠覆的冲突结束后也可以见到。有时候，强势的黑猩猩也会走背运。在黑猩猩中，低等级成员正气凛然地起来抗议被殴打的情况是相当常见的，他们经常迫使强势的黑猩猩逃走或甚至在肉体上制服他，特别是在他们联合起来的时候。耶罗恩很少陷入这样的困境，但我还是好几次看到过他被一群尖叫着的狂怒的雌黑猩猩驱赶的情景。这种事实让我看到：即使自信的耶罗恩也会害怕。尽管他不至于害怕到露出牙齿或大声尖叫起来，但那种全能的、不可征服的领袖形象还是已经被破坏了。不过，这种事情并没有对他的地位产生无可挽回的影响，因为在接下来的和解过程中，他还是像往常一样被雌黑猩猩们所"问候"。

由此可见，支配与被支配关系是以两种非常不同的方式显示出来的。首先，正如在群体中发生一场冲突时在谁能打败谁和谁的分量最重这些情况中所反映出来的那样，存在着权位对冲突结果的影响。特别是由于黑猩猩们总是在不断形成各种变换不定的同盟，对抗的结果并不是百分之百可预测的。与其他动物相比，黑猩猩之间的社会等级次序的偶然的倒转现象绝不是罕见的。所以，黑猩猩之间的社会等级次序经常被称作"柔性的"或"具有可塑性的"。一只不大于两三岁的年幼黑猩猩有时也能迫使一只成年雄性或雌性逃跑，甚至强迫他们做某种事情。这种情况并不只是在游戏性的事件中才会出现，而是在严肃的冲突中也会出现，例如：在母亲的支持下，乔纳斯就能迫使弗朗耶为他哺乳。

未成年者绝不会受到群体中的成年成员的"问候"，他们有时也会做出真正的支配行为，但他们没有形式上的支配地位。与有时甚至连首领也会被赶到树上的充满变数的冲突结果不同的是，"问候"仪式是完全可预测的。"问候"反映着被固定下来的上下尊卑关系。这是惟一具有普遍性的非双向的社会行为形式，换句话说，如果 A 在某个时期内"问候"B，那么，在同一个时期内，B 就决不会"问候"A。这种值得注意的刻板模式只存在于表示顺服的问候中，在这种问候中，问候者向被问候者发出一连串低沉的咕哝声。除了表示顺服的单向问候外，黑猩猩们还以许多不同的方式互相问候。我将用加了引号的"问候"来表示这种有声的示服形式。身为雄1号时，耶罗恩从未发出过这种伴着喘气的咕哝声，相反，他经常受到群体中的每一个个体的"问候"。

形式上的等级地位与权力通常是交错重叠的；然而，在某些情况下，形式上的等级地位会变得与实际权力不相关。换句话说，一只强势黑猩猩的支配地位可能会变得无法维持。我们还不清楚黑猩猩们到底是怎样认出这样的时刻的，但是，他们之间的凶狠的遭遇战的过程会成为这方面信息的主要来源，这一点看来是明显的。例如，在冲突中，如果地位低的一方越来越频繁地获得胜利，或者，如果他至少能经常使地位高的一方表现出害怕与犹豫，那么，有关双方力量的对比的事实就逃不过他的眼睛。如果这种已经转变了的关系持续下去，他们之间的"问候"就会逐渐变成只不过是一种空洞的形式。最终，地位低的一方会停止"问候"地位高的一方。看来，他在以这种方式对他们之间的关系的状态表示质疑。这个第一步——停止"问候"——在阿纳姆黑猩猩群落中的所有的支配与被支配关系的倒转事件都被观察到了。1976年春，鲁伊特鼓起勇气以这种挑战方式与耶罗恩对抗。他们之间的关系已经被打破，而且，整个群体都因此而陷入了一场耗时一年才算完成的秩序重建过程。

耶罗恩曾经一度那么地无所不能，以至于整个群体中出现的 3/4 以上的"问候"都是冲着他一个来的，在某些时期，这个比例甚至上升到了90%。那时，鲁伊特也经常"问候"他，而鲁伊特自己被其他猿"问候"的频率就要小得多了。那时，像大妈妈与普伊斯特这样的高等级雌黑猩猩从不"问候"鲁伊特。如果我们将鲁伊特看起来比耶罗恩弱小得多并总是待在不引人注目的地方与这一点合起来看的话，显而易见，由鲁伊特发动的政变在我看来是最没指望的了。

最初的一击

1976 年的夏天特别热也特别干燥。在欧洲各地，草都在逐渐枯黄。阿纳姆周围的森林也被大火所毁。曾经有那么一刻，一条火龙靠得离动物园那么近，以至于我们都为动物们的安全而担心起来。而在这个黑猩猩群落内部，从社会意义上说，那同样是一个真正漫长而且热辣的夏天。6 月 21 日下午，我看到耶罗恩第一次露出了自己的牙齿。我还第一次听到了他的尖叫与哀嚎并同样是第一次亲眼看到他处于需要支持、安慰与鼓励的境地。此外，他与鲁伊特之间的体形大小上的差异也突然消失了。

显然，在那天早上，一场重大的变化就已经在酝酿中了，因为鲁伊特已经公然与施嫔交欢。那时，施嫔刚刚进入发情期——她的生殖器肿胀得厉害，因而，对雄黑猩猩们来说极具性魅力。耶罗恩通常对其他雄黑猩猩的性交是极不宽容的，但这一次，当鲁伊特与施嫔在离他只有 10 米远的地方交配时，他却麻木地躺在场地的中间，一动也不动。他甚至退让得更远，以至于他调转头去将背对着他们，好像他宁愿不要看这不快的一幕似的。起初，我们的设想是：耶罗恩得了重病，因而让鲁伊特占了上风。但事实证明我们错了，因为我们发现：那天晚上耶罗恩的胃口完全正常。

那天下午，鲁伊特以围着老首领绕大圈圈的方式对他进行威胁性武力炫示并挑起了几次精彩的互动。他就这样为他与耶罗恩之间的将要拖延很长时间并将愈演愈烈的一系列令人印象深刻的威胁性武力炫示与真正冲突发出了开始的信号。下面是一份关于他们之间的第一次公开对抗的报告。

1976 年 6 月 21 日：下午 1 点 45 分。
鲁伊特在大约 15 米之外围着耶罗恩打圈圈，他全身的毛发都竖立着。他狠狠地跺着脚并用他的手掌猛烈地击打着地面。他捡起沿途所发现的任何棍子或石块并猛烈地将它们抛出去。耶罗恩坐在草地上，时不时地朝鲁伊特很快地瞟上一眼。当那个挑战者位于他背后时，耶罗恩并没有调转身子，而是略微调转头，以便能通过肩上的毛发偷偷地观察鲁伊特在干什么。有时，鲁伊特走到离耶罗恩只有几米远的地方。这时，耶罗恩就会毛发竖立着站起来并向前跨出一步。在这一短暂的对抗过程中，这两只雄性都互相不看对方一眼，而一旦鲁伊特离得远一点，耶罗恩就会立即回到他原来在草地上坐的那个位置上。

在绕了大概六七圈后，鲁伊特朝施嫔走过去并查看起她的生殖器肿胀部位来。这时，格律勒朝耶罗恩走过去并给了他一个吻。尼基与丹迪两个朝施嫔走过去，在经过耶罗恩身边时，他们两个之中没有一个去"问候"耶罗恩，这可是极不寻常的事情。后来，鲁伊特与丰士一起玩了起来，那时，丰士是群体中最小的孩子。丰士的母亲弗朗耶与大妈妈朝鲁伊特走过来并在他的身边坐了下来。鲁伊特开始给大妈妈做毛皮护理。此后，在相当长的一段时间中，群落里安安静静的。直到耶罗恩站起身并开始朝施嫔走过去时，这一局面才发生了变化。

下午 2 点 25 分。

作为老习惯，普伊斯特总是会出现在具有性魅力的雌黑猩猩身边，这一次，自然是在施嫔身边。普伊斯特向朝她和施嫔走过来并准备跟她们待在一起的耶罗恩表示"问候"。这时，鲁伊特立即变得不安起来，他的毛发轻微地竖了起来，他着手收集一些粗大的树枝，并开始轻微地"唬唬"地吼叫着。看到这种情况，耶罗恩离开了施嫔，当他从鲁伊特身边走过时，他的姿势略微带了点威胁性武力炫示的样子；这一次，他同样没朝鲁伊特看。耶罗恩走到大妈妈身边并开始给她护理起毛皮来。当耶罗恩做这件事的时候，大妈妈一直在不停地朝四周张望着以便搞清

鲁伊特正在以围着耶罗恩绕大圈圈的方式对他进行威胁性武力炫示。

楚鲁伊特在干些什么。正当耶罗恩为了更加公然的行动而给自己打气时，鲁伊特拥抱了弗朗耶一会，而后走向耶罗恩与大妈妈并在他们的正前方坐了下来。鲁伊特发出的"嘘嘘"声变得越来越大，终于，他站了起来，以尽可能倾斜的姿势朝大妈妈与耶罗恩猛冲过去，差一点就撞上了他们。耶罗恩立即站了起来，不过，当鲁伊特从他们身边冲过去时，他又很快在大妈妈的背后坐了下来。

下午2点35分。

当鲁伊特正在准备他的针对耶罗恩的第二次行动时，尼基利用这一时机与施嫔交欢。其他的黑猩猩似乎没有一个注意到发生了什么事情。鲁伊特首先对大妈妈发起攻击，她尖叫着逃走了。接着，鲁伊特又在耶罗恩面前坐了下来，并以蔑视的神态对他吼叫着。耶罗恩独自坐在一段倾斜的树干之下，鲁伊特开始爬那段树干，一边爬一边做着威胁性武力炫示并大声地吼叫。耶罗恩迟疑地看着他。现在，鲁伊特已攀登到比对手高出几米的树干上，他有节奏地用力捶打着树干。最后，他从树上一跃而下，刚好在耶罗恩的身边着地。鲁伊特给了耶罗恩一记有回声的响亮的掌击，而后，就立即跑开了。耶罗恩爆发出一阵声嘶力竭的尖叫，而后，跑向一群黑猩猩——其中有格律勒、克娆姆、施嫔、丹迪、亨妮以及其他几只黑猩猩，并一个接一个地拥抱他们。一场几乎所有的黑猩猩都卷了进去的混战爆发了。在一大群吼叫、尖叫与咆哮着的支持者兼同情者的支持下，耶罗恩向他的挑战者逼近。

在那一刻之前，毛发轻微竖立着的鲁伊特一直在一定距离之外观察着他的对手，但现在，面对着耶罗恩和他的这支部队，他尖叫着逃了。四面八方都响彻着战争的叫嚣，鲁伊特发现自己遭到了一个由 10 只或更多的黑猩猩组成的黑猩猩群的攻击。不过，群体中也有一些成员拒绝卷入这场冲突。例如，吉米就保持着一定距离。耶罗恩曾经两次跑向她并一边哀嚎着一边向她伸出自己的一只手，但吉米接连两次都掉转头走开了。那群黑猩猩继续追赶了鲁伊特几分钟，而后，突然停了下来。一时万籁俱寂，打破这寂静的只有鲁伊特的尖叫。原来，他已经被赶到了圈养区远端的一个角落里。显然，鲁伊特已经输掉了这第一战。

群体中的"姑娘"之一乌尔走向鲁伊特并将自己的臀部呈示给他。作为回应，鲁伊特也将自己的臀部呈示给她看，他仍然在尖叫着，因而，他们两个只是屁股对屁股地站了一会儿。突然，鲁伊特发起脾气来。就像一只不能为所欲为的黑猩猩幼仔一样，他在沙地里一边不停地翻滚，一边高声地尖叫；他用手拍打着自己的脑袋，还发出呛声，似乎他真的生病了似的。乌尔再一次走到他的身边并拥抱他。鲁伊特慢慢地平静了下来，然后，在耶罗恩往圈养区中部回走的时候慢慢地跟在了他的后面。

整个事件持续了最多 5 分钟。除了最初的一掌外没有发生其他的肢体攻击行为。

下午 2 点 40 分。

几分钟后，鲁伊特又在进行威胁性武力炫示了，不过，这次不怎么张扬。他向正与施嫔坐在一起的普伊斯特发起了攻击。做完这事后，他邀请施嫔一起交欢。正当施嫔接受他的邀请时，耶罗恩开始尖叫起来，不过，他没敢干涉。丹迪以"问候"对耶罗恩作出回应，而后又拥抱了他，以此努力使他平静下来。与此同时，鲁伊特则在不受任何干扰地与施嫔交欢。

下午 2 点 50 分。

耶罗恩跟大妈妈与弗朗耶待在一起已经有一段时间，这时，他正在给小丰士挠痒痒，逗着他玩。他的脸上带着游戏的表情，但心情仍然没有完全放松，因为他一直在不断地朝鲁伊特的方向瞄上一眼。鲁伊特坐在不远的地方，身子不停地前后摆动着，用手捡起一些小树枝并用牙齿把它们咬断。大妈妈离开了耶罗恩，以此对鲁伊特的行为作出反应。耶罗恩跟在她后面。但每当他试图在她身边坐下来时，大妈妈就会再次站起身来走开。这种模式的行为被重复了好几次。耶罗恩试图坐在大妈妈身边，但大妈妈则相当明显地表现出了她不想与他为伴的意图。就在这段时间，另一只曾经与耶罗恩坐在一起的雌黑猩猩弗朗耶遭到了鲁伊特的攻击。他将她打翻在地并不断地在她背上跳上跳下。弗朗耶与她的儿子丰士两个都尖叫起来。当时，丰士正被弗朗耶抱在怀里，因而，鲁伊特在他们身上每跳一次，丰士就得在他母亲与地面之间被挤压一次。于是，鲁伊特将注意力转向耶罗恩与大妈妈，并朝着他们所在的方向进行了几次威胁性武力炫示。大妈妈一直在努力摆脱耶罗恩，耶罗恩则总是黏着她，这种局面直到鲁伊特最终成功地将大妈妈赶跑才算结束。

所有其他的黑猩猩也都散开了，和平重新降临。那两个雄性对手现在被众黑猩猩们离弃在圈养区的中间，孤立无援地面对着对方；他们相距大约 6 米远，都有意识地回避着对方的目光。鲁伊特看着几只鸽子从空中飞过，耶罗恩则盯着地面。

下午 3 点 10 分。

这一系列不同寻常的事件的最后一段故事是由克娆姆引起的。起初，克娆姆向鲁伊特走去，她向他表示"问候"并开始给他护理毛皮。但鲁伊特却站起身来走开了，接着，耶罗恩也做出了同样的举动。克娆姆表现出一如既往的沉着冷静，她再次走向鲁伊特，并再次开始给他护理毛皮。见此情景，耶罗恩先走开大约 10 米远，但后来，他又犹犹豫豫地往回走了，并且慢慢地向克娆姆与鲁伊特靠近。于是，克娆姆转而向耶罗恩表示"问候"，耶罗恩神经质地露出了牙齿并拥抱了她。这时，鲁伊特走到耶罗恩原先坐的地方，嗅了嗅地面，而后坐了下来。奇怪的是，耶罗恩对此所作的回应也是走向并坐在了鲁伊特原先坐的地方；由此，这两只雄黑猩猩又面对面地坐在了那里。

现在，克娆姆开始给耶罗恩护理毛皮，鲁伊特则围着他们开始了威胁性武力炫示。他兜了好几个大圈子，直到他与耶罗恩一起以"合唱"的方式高声吼叫时才停下来。当鲁伊特靠得比较近时，克娆姆就立即离开耶罗恩并走去给鲁伊特护理毛皮。这已经是她第四回轮流着给这两只雄黑猩猩护理毛皮。耶罗恩独自坐着，而克娆姆与鲁伊特在离他不远的地方坐着互相护理毛皮，这一局面持续了足足 5 分钟。

突然，鲁伊特离开了克娆姆，犹豫不决地朝耶罗恩走去。这两只雄黑猩猩都竖起毛发并（在冲突后）第一次互相直视对方的眼睛。耶罗恩短暂地拥抱了一下鲁伊特，鲁伊特则将自己的臀部呈示给耶罗恩，并让他护理自己的臀部。在成年雄黑猩猩之间的和解行为中，在大多数情况下，最先被护理的通常是臀部，而后才是身体的其他部分。在看到两只雄黑猩猩已经开始互相护理后，克娆姆撤退了。这时是下午 3 点 30 分。那两个对手互相护理了大约 15 分钟。

耶罗恩的孤立

上面的详细报告只是对一个持续了两个月的过程的最初两小时的情况的描述。这第一场遭遇战并没有决出什么结果。我们也许会感到奇怪：这两个对手为何不通过战斗一劳永逸地为他们之间的冲突决出一个结果呢？答案很简单：因为体力并非决定统治与被统治关系的惟一因素，而且，几乎可以完全肯定地说，它不是最重要的因素。

根据我的经验，成年雄黑猩猩之间的气势汹汹的武力炫示中大约有 4/10 会以一场冲突结束，就像上述争斗中所出现的情况一样：耶罗恩开始尖叫，而鲁伊特则狠狠地揍了他。这种事件的最典型的过程包括威胁、追逐与尖叫。在雄性之间真正击中对方身体的攻击是少见的，不过，没有回应的单独的一击并不构成一场战斗。在认真的而不只是做做样子的遭遇战中，对手们会真正互相抓住对方并用嘴来咬。每百场冲突中大约有一场会导致（用嘴咬的）真正的战斗，若按（既可动手也可只是威胁的）较广义的对抗为基数来算，那么，在黑猩猩之间的对抗中，会导致真正的战斗的只有 0.4%。然而，战争的威胁总是存在的，而且，正是因为这种威胁才使得统治过程显得那么（曲折而）紧张。

实际上，鲁伊特与耶罗恩使雌黑猩猩们卷入其中的社会操纵远比一场肉搏更令人激动。这种作用与反作用的过程是以相对平静的方式展开的，它会持续相当长一段时间，但其效果是相当具有戏剧性的。两只雄黑猩猩都在不断地寻求与成年雌黑猩猩们的接触。特别是耶罗恩，他总是在不停地寻求雌黑猩猩们的陪伴；从他从她们那儿所得到的保护来看，他的这种行为并不令人吃惊。在整个转变期——从最初的一击到新的领导地位的建立——所有的雌黑猩猩都多次支持耶罗恩而反对鲁伊特，相反的情景则一次都不曾出现过。

那9只雌黑猩猩会表现得那么一致——这实在非同寻常，尽管实际上她们是否真的意见那么一致是可疑的。耶罗恩与鲁伊特之间为争夺统治地位而进行的斗争有时造成了雌黑猩猩之间的紧张关系。大妈妈与格律勒显然是愿意支持耶罗恩的，但其他高等级雌黑猩猩们（如普伊斯特与吉米）就不怎么想这么做了。在大妈妈支持耶罗恩反对鲁伊特的某些场合中，我们甚至看到普伊斯特在攻击大妈妈。后来，当雌黑猩猩之间的联合阵线开始瓦解时，相反的情况也被观察到了。一旦鲁伊特最终确立了自己的领袖地位，普伊斯特就是第一个离弃耶罗恩而与新的雄性统治者合作的雌黑猩猩。起初，大妈妈会因为普伊斯特对耶罗恩的背弃而愤怒，并会在她公然站在鲁伊特这一边时攻击她。我们完全有理由设想：如果不是因为大妈妈，像普伊斯特与吉米这样的雌黑猩猩早就倒向鲁伊特一边了。雌黑猩猩们之所以连续几个月协力支持耶罗恩，与其说是出于她们自发的一致意见，还不如说是由于大妈妈对雌性成员的压倒性影响。

也许有人会认为：有那么强大的一个群体在背后支持着，耶罗恩没什么好怕的。但显然，从第一天起，他就处在了失去这个群体的支持的危险之中。大妈妈几次回避跟他在一起，这无疑是鲁伊特所使的离间计起了作用的缘故。每当看到耶罗恩与一只成年雌黑猩猩在一起的时候，鲁伊特就会变得不安起来。这时，他就会朝耶罗恩与那只雌黑猩猩走过去并毫不含糊地惩罚那只雌黑猩猩。即使那只雌黑猩猩只是曾经与耶罗恩有过短暂的接触，而当时这种接触已经结束了，她还是会冒被鲁伊特所严惩的危险（正如前面所述的那段情节中弗朗耶所受到的遭遇那样）。自从在这场争斗开始的第一天下午采用这一策略后，鲁伊特就以钢铁般

鲁伊特正在因为特普尔曾坐在他的对手的身旁而惩罚她。耶罗恩（左）站在一边看着却不敢去保护她。

的意志连续多个星期一直坚持采用这一策略。

有时，鲁伊特只要站起身来朝他们靠近，耶罗恩与雌黑猩猩之间的接触就会立即停止。在另一些情况下，他也会遇到抵抗，这时，对抗就会升级为冲突。如果鲁伊特只能全靠自己，这些冲突就会没有例外地注定以他受到伤害而告终，因为他的对手占有数量上的优势。要不是因为怕引起鲁伊特的攻击反应，雌黑猩猩们是没有理由回避耶罗恩的陪伴的。不过，事情并不那么简单。第三只雄黑猩猩即大块头尼基的干涉意味着：在一场冲突刚开始时，耶罗恩的统治者角色是否会结束、雌黑猩猩们卷入到耶罗恩与其挑战者之间的冲突中是否会有危险，这些都不是事先可确定的。

一次离间性干涉：耶罗恩（前右）与克娆姆（前左）原本坐在一起互相护理毛皮，但他们被鲁伊特强行驱散了。图中，鲁伊特在位于他们头顶上方的一段树干上做着威胁性武力炫示；特普尔与乔纳斯则在更高的地方看着这场干涉。

我将鲁伊特为阻止耶罗恩与群体内成员接触而作出的举动称为离间性干涉。这种干涉的短期效果是足够明显的，但为了确定它们是否也具有长期效果，在这一年的年底，我们做了一次统计分析。这样做是有必要的，因为主观印象是不完全可靠的，特别是当过程发生得像这些过程那么慢的时候。每隔 5 分钟，我们就用一个便携式磁带录像机准确地记录下圈养区中哪些个体联合而形成了一个子群，这意味着这些个体坐在了两个相距不超过 2 米的范围内。通过逐条地分析我们研究小组在 1976年夏所做的这些每隔 5 分钟进行一次的几百条记录，我们勾勒出了一幅关于耶罗恩的社会关系的画面。

1976年春季，鲁伊特还经常"问候"耶罗恩，那时，耶罗恩将30%左右的时间用在与成年雌性组成的各个子群的交往上。而在前述的鲁伊特公然挑战耶罗恩的最初的那些个星期中，我们发现，这个比例比原先的两倍还多。这意味着在那段时间中，耶罗恩几乎在不停地寻找雌黑猩猩们的陪伴。他很可能悄悄地退入了她们中间，因为他已经感觉到鲁伊特对他的态度正在发生变化，他也知道自己的地位在受到威胁：在那段时间中，鲁伊特惟一很少"问候"的只有耶罗恩。在暴风雨来临前的平静期，耶罗恩寻求由雌黑猩猩们的陪伴所构成的避风港，这一事实是我们在分析了记录资料并作了回顾后才发现的。这进一步证实，在我们还没有意识到麻烦已经在酝酿之中时，争斗双方已经在做一些预备性活动了。

　　来自更后面的时期的数据表明了一个显著的变化。在鲁伊特积极挑战耶罗恩的领袖地位并进行了无数次离间性干涉的那些个星期中，耶罗恩花在与雌黑猩猩们相伴上的时间慢慢地减少了。到了8月份，耶罗恩与雌黑猩猩们之间的接触的增长已经掉了下来，那时，他花在与雌黑猩猩们接触上的时间甚至比他在春季时所花的时间还要少。我们的资料证实：那时，耶罗恩在社会关系上已经处于孤立境地。

　　鲁伊特对雌黑猩猩们的不友好态度只是在她们与他的对手合作时才是明显的。在其他情况下，他对她们的态度是非常友好的。他经常与她们坐在一起，替她们护理毛皮，并与她们的孩子一起玩。这些接触有时是在具有重要战略意义的时刻进行的。在那个特定的头一天，在鲁伊特被耶罗恩与雌黑猩猩们之间的联盟打败并与耶罗恩讲和之后，这一点就表现得很明显。同一天下午，鲁伊特再次开始威胁性武力炫示，他的挑衅又一次导致了一场较大的冲突。在挑战开始之前的那几分钟里，鲁伊特"荡了一圈"。首先，他走向弗朗耶，给她护理毛皮并与她的儿子丰士一起玩了一会。然后，他又走向施嫔并给她护理毛皮；再后来是格律勒；再再后来是普伊斯特。在这次不同寻常的快速接触结束后，鲁伊特马上就投入到了围着耶罗恩进行他的威胁性武力炫示的活动中去了。鲁伊特对那四只雌黑猩猩的示好行为有没有可能是他为了使她们在接下来的冲突中保持中立而做的一种努力？这是一种"贿赂"还是一种通过他的友好举动来"激起同情心"的努力呢？

  如果不是因为雌黑猩猩们的卷入，鲁伊特与耶罗恩之间的问题的严重性绝不会达到这个份上。作为两个个体，他们之间的支配与被支配关

耶罗恩追逐挑战自己的鲁伊特，两只雄黑猩猩都在尖叫。

系的问题一个星期就可以解决了。从他们待在与群落中的其他成员隔开的他们两个共同过夜的睡觉处时的行为来看，这一点是显然的。以前，鲁伊特喜欢待在不引人注目的地方，但现在，他却带着引人注目的自由自在的姿态到处游走了。有时，他甚至会拿走为耶罗恩准备的苹果。从总体上看，当这两个对手一起待在睡觉处时，他们还是相当和平的，不过，他们也发生过两次冲突。这两次冲突后，我们发现，耶罗恩每次所受的伤都要多得多。尽管这些伤根本算不上严重，但耶罗恩却显出一副可怜兮兮的样子。他已经完全失去了从前的自信，他的眼神也反映出了他所受到的心理打击。耶罗恩以这样一种被打垮了的状态出现的第一个早晨，群体成员的反应都很激动。大妈妈发现耶罗恩受了伤后，就"唬唬"地吼叫起来并朝四周张望。见此，耶罗恩倒了下来并不断地尖叫与哀嚎着，于是，所有其他的黑猩猩都围了过来，想要看看到底发生了什么事情。正当这些黑猩猩围着他并大声吼叫着的时候，"罪犯"鲁伊特也尖叫起来。他神经质地从一只雌黑猩猩跑向下一只雌黑猩猩，他拥抱她们并将自己的臀部呈示给她们看。后来，他将这天所剩下的很大一部分时间花在了给耶罗恩护理伤口上。耶罗恩的脚上有一个很深的伤口，身体的侧面也有两个伤口，那都是被鲁伊特的强有力的犬齿咬的。这些伤引起了这样的轰动实在不足为怪，因为多年以来，这可是第一次发生耶罗恩受到伤害的事情。

鲁伊特显然比耶罗恩更强壮。因为鲁伊特具有体力上的优势，所以，耶罗恩在1976年秋季的社会孤立状态就有非常重要的意义了。一旦被孤立，那么，无论是在夜笼中还是在整个群体中，耶罗恩就注定要失败了。

鲁伊特与尼基之间的开放式联盟

在鲁伊特与耶罗恩之间的冲突中，尼基所起的作用是至关重要的。

除了各自独立行动之外，鲁伊特与尼基之间还形成了一个联盟，准确地说，一个开放式的联盟。他们互相作伴的时间并不怎么多，在同时进行的分头行动中，他们也不交流任何特别的信号，而且，他们互相所给予的支持大多也是间接的。相当具有讽刺性的是，他们之间的合作的结果却构成了一个最终威胁着要摧毁他们之间的合作关系的定时炸弹。他们之间的合作结果是：鲁伊特成了领袖，尼基则成了等级序列中既高出成年雌黑猩猩们也高出耶罗恩的副司令。尼基的晋升与其说是由于与鲁伊特合作的缘故，实际上还不如说是出于一种变化，因为在 1976 年年初，尼基还几乎完全没有被认真对待过。那时没有一只成年雄黑猩猩"问候"过他，而且，他还经常被他们骑。因此，当大妈妈因尼基对她粗鲁而打他时，谁也不会感到吃惊或不安。

在针对耶罗恩的领袖地位的挑战开始前的那个时期，在如何对待雌黑猩猩上，尼基采取了完全跟鲁伊特学样的办法。如果鲁伊特攻击了一只雌黑猩猩，那么，尼基立即就会去给那雌黑猩猩狠狠的一掌。这种打了就跑的策略成了尼基身上的一个如此典型的特征，以至于我们都将他看成是一个只会乘机渔利的胆小鬼。但那一年的后来所发生的事情却在尼基惯于扮演鲁伊特的影子上投下了一道全新的光芒。或许，他们两个是在测试耶罗恩的状况，因为他们对雌黑猩猩们的攻击行为常常发生在离耶罗恩所坐的位置很近因而很危险的地方。即使那些逃向耶罗恩以寻求保护并拥抱他的雌黑猩猩也不总是能免受尼基与鲁伊特的攻击。在这种情况下，耶罗恩并没有作出强有力的举动；对于另外两只雄黑猩猩来说，这一事实也许已经是一种意义重大的表征。一个在保护自己的"女"门徒这样的事情上都会犹豫不决的领袖在自我保护上也很可能会有困难。

在鲁伊特与耶罗恩之间的公开冲突发生期间，尼基只在这两个对手之间的某一场对抗中做过一次直接的干涉，而且，奇怪的是，他的那次

1976 年夏天，尼基已经成为一只完全成年的黑猩猩。

行动是冲着鲁伊特来的。在鲁伊特与耶罗恩的那次冲突正式爆发前，尼基正在与施娪交欢，鲁伊特看到后，便对尼基进行了攻击，从而粗暴地中断了他们的交欢；大约 10 分钟后，即鲁伊特与耶罗恩之间的那场战斗刚开始不久后，尼基对鲁伊特的报复性干涉就发生了。这是一次具有重大意义的事件，因为它表明鲁伊特没有能力直接与尼基相争。其实，在那个特定的第一天，还出现过一件与此相似不过没这么明显的事件，起因同样是性竞争。在受到鲁伊特的惩罚后，尼基尖叫着跑向耶罗恩，并发出了要建立一个反鲁伊特联盟的威胁。鲁伊特的反应是赶紧跑到圈养区的另一边去。这两件事也许可以解释，为什么鲁伊特要有意回避与尼基发生冲突。为了不让尼基转而起来反对他，他不得不表现得宽容一点。鲁伊特不能冒与尼基疏远的危险，因为他实在太需要他的帮助了。

尼基公开反对鲁伊特只有一次，而他通过击退耶罗恩的雌性支持者来间接地支持鲁伊特则有许多次。没有尼基的帮助，鲁伊特大概就不可能成功地废黜耶罗恩。鲁伊特与尼基之间的常规的互动模式是这样的：鲁伊特以环绕着耶罗恩进行威胁性武力炫示来开始自己的挑衅，直到耶罗恩无法再不理睬他并尖叫着寻求帮助。耶罗恩或通过呼叫请求雌黑猩猩们来帮助他或朝她们跑过去并把她们带过来。当耶罗恩与他的支持者们靠近鲁伊特时，尼基就会突然发起行动并攻击某个雌性支持者，当然，最好是大妈妈或格律勒。他的干涉效果就是搅乱局势；这样，当耶罗恩与鲁伊特之间的冲突继续进行时，那些雌黑猩猩就会联合起来对付尼基。在大多数情况下，耶罗恩与鲁伊特会在那些已经枯死的橡树的高处结束他们之间的冲突：在那里，鲁伊特做着威胁性武力炫示，而耶罗恩则一边尖叫一边无望地朝树下的雌性支持者们伸出手；而这时，那些雌黑猩猩都在忙着用她们的手全力以赴地对付那个不知疲倦的尼基呢。

尼基跑得那么快而又那么富于特技性，以至于她们几乎从来都不曾成功地抓住过他。他会四处跑动，然后伺机从他的对手头上一跃而过，他每次都能闪避开他的对手，直到她们不再知道该往何处去找他为止。有时，当她们正料想着会遭到一次来自前方的攻击时，她们却会遭受从背后打来的巴掌。在某一次这类情景中，尼基从背后靠近大妈妈，将他的双手放在她宽大的屁股下，而后，在她还不知道发生了什么事之前就将她抛到了空中。这些绝技表明：尼基具有非凡的体力；他不能再被忽视或者被强压在他现有的社会地位上了。他与雌黑猩猩们之间的战斗具有一种他自己的特色，这种战斗与那些发生在树的高处的争斗是相当不同的。有时也会发生这样的情况：在耶罗恩与鲁伊特之间的某次冲突结束很久之后，尼基与那些雌黑猩猩们仍然互相不和。有时，尼基似乎是有意来帮鲁伊特的忙似的。在某次这样的情况中，他将大妈妈从耶罗恩身边赶开并将她赶到了一棵已经枯死的小树上，然后，他就一直待在那棵树下，进行着威胁性武力炫示，直到鲁伊特与耶罗恩结束他们的争吵。到那个时候，也只有到那个时候，大妈妈才被允许爬下树来。

倒过来，鲁伊特也对尼基反对雌黑猩猩们的艰巨斗争进行了支持。在极少数情况下，尼基也会陷入困境；这时，鲁伊特或普伊斯特就会赶过来援救他。在此，我们又一次看到，普伊斯特所扮演的角色是与她的雌性身份不相符合因而令人感到奇怪的。当所有其他的雌黑猩猩都团结一致共战尼基时，普伊斯特却会是个站"错"队的另类。就像鲁伊特与尼基之间的关系一样，她与尼基之间的特殊关系也是一种双向的互助关系。尼基决不会向普伊斯特发起攻击，而且，如果普伊斯特陷入困境的话，她是惟一一个能够指望得到尼基的帮助的雌黑猩猩。

如果尼基一心一意地投入到了他与雌黑猩猩们之间的斗争中去，也就是说，如果他使用了他的危险的牙齿的话，那么，他肯定可以早一点使她们屈服。但事实上，他严格遵守着规则，只用他的手和脚来战斗，从未用过犬齿来咬。雄黑猩猩们有时的确也咬雌黑猩猩们，但他们用的只是门牙。而无论是在与其他雌黑猩猩的战斗还是在反抗雄性攻击者以保护自己的战斗中，那些没有犬牙的雌黑猩猩使用牙齿时就远没有雄黑猩猩们那么小心了。由于这些规则的限制，尼基与雌黑猩猩们之间的持续了许多个星期的冲突既没能显示出任何明确的结果，也不曾有过真正激烈的战斗，因为尼基的敏捷足以使自己免于被抓住。他会时不时地去刺激那些雌黑猩猩，当她们以尖叫来表示抗议时，他会等着看她们到底敢靠他多近。如果靠得太近，她们知道，那就会挨上一巴掌。如果雌黑猩猩们在数量上占优势，尼基就会敏捷地从雌黑猩猩们的来路上跳开。尽管尼基力大

大妈妈（左）与克娆姆（中）结盟，联手对抗尼基（右）。

无比而雌黑猩猩们气愤填膺，但他们之间的对抗却从未导致任何的伤害。

如此壮观却不带流血的支配与被支配关系演变过程能发生在一个大群体中，这一事实证明，阿纳姆项目开始时有关人员所抱的乐观主义态度是有道理的。同时，它也驳倒了关于动物园和动物实验室管理的这一观点：黑猩猩必须被单个隔离或最多以很小的群体的形式被圈养，因为他们具有所谓的"极度的攻击性"。雄黑猩猩们强壮得令人难以置信，他们有能力杀死对手，但他们也有着自我控制的能力。尼基实质上带着一把刀（锋利的犬牙），然而，在与雌黑猩猩打斗时，他却总是赤手空拳。犬牙的使用严格地限制在雄黑猩猩们自己之间的战斗中，而这种战斗是罕见的，即使在那种时候，雄黑猩猩们通常也是受制于一种非常严格的行为规范的。

几个月后，尼基与雌黑猩猩之间的对抗已逐渐减少，因为越来越多的雌黑猩猩开始"问候"他。最后承认他的新地位的雌黑猩猩是大妈妈和普伊斯特。她们到 10 月份才向尼基表示"问候"。从那时起，尼基的地位就在所有的雌黑猩猩们之上了。他获得他的新地位不仅由于他的迅速增长的体力（1975 年与 1976 年这两年，尼基的发育十分迅猛），也得归功于当时群体内的混乱局面。那时，雌黑猩猩们无猿可以求助。群体没了首领，而当那两个候选首领忙着在树的高处互相对抗时，尼基也在不时地挑起冲突。若是从尼基自己的角度考虑，鲁伊特从尼基的行动中所获得的巨大利益或许不过是一种副产品而已。尼基与鲁伊特的兴趣并不是一致的而只是平行的：尼基与雌黑猩猩们之间的地位高低之争可能使得鲁伊特为夺取权力而进行的竞争变得容易了一些，反之亦然。由于他们之间的合作是如此明显，而他们的行为领域又如此不同，所以，我将他们之间的联盟称为开放式联盟。

鲁伊特与尼基之间更为直接的合作事例发生在耶罗恩事实上已经在群体内被孤立之后。这时，当耶罗恩与鲁伊特之间发生冲突时，尼基就会以宫廷小丑的身份陪伴他们。他实际上并不参与到冲突中去，而只是在战场的边界线外旁观，他会前后来回跑着、翻着筋斗，并通常会在一定距离之外为鲁伊特鼓劲。当鲁伊特对耶罗恩吼叫的时候他也会跟着吼叫，有时，当耶罗恩一如既往地一边哀嚎着一边神经质地试图避开鲁伊特的进攻时，他会朝耶罗恩抛些东西。看起来，尼基像是在以捉弄耶罗恩的方式来娱乐自己。

发癫式发脾气与战斗

1976 年夏天，那些黑猩猩们的生活看起来似乎除了打架就没有任何别的内容。其实，这一印象是错误的。前面所描述的事件是发生在一个令人懒洋洋的季节中的事件的集锦。黑猩猩们会连续几个小时懒洋洋地坐或躺在太阳底下，几乎连眼睛都睁不开。偶尔会有几只黑猩猩像笨重的木头似的绕着圈养区慢慢地挪着步子，或者在树荫下静静地互相护理着毛皮。尽管黑猩猩们明显都很疲乏，但他们绝不会忘了留心周围的动静。每当鲁伊特睡眼蒙眬地起来察看情况并偶然发现在他睡觉时耶罗恩一直在寻求雌黑猩猩的陪伴时，我们就会立即将录像机的镜头对准他，准备开拍。一片混乱的局面每天出现三四次。我前面所记录下的就是这些时刻，而不是其余那些深度的平静与表面的和谐的时间。

鲁伊特与耶罗恩为争夺统治权而进行斗争的那段时间，对于我们来说是一个紧张却又令人兴奋的时期。那是一个充满曲折和起伏的过程。第一个月的时候，最终结果将会如何还不清楚。在某些日子中，耶罗恩似乎居于控制地位，在雌黑猩猩们的帮助下，他能用气势汹汹的威胁将鲁伊特逼到一边或者将他赶走。在另一些日子里，占上风的则是鲁伊特，他以强有力的动作对耶罗恩进行威胁性武力炫示，在与他的对手对抗时从来没有露出过牙齿。而耶罗恩倒是的确露出过牙齿——对于黑猩猩来说，这是不自信的表现。在对抗初期，耶罗恩似乎想要在鲁伊特面前将这种不自信掩盖起来。他会不带任何确定的表情地从他的对手面前走开，当他已经离得足够远并背对着鲁伊特时，他才会露出他的牙齿或发出一声轻微的呜咽。在后来发生的支配与被支配关系演变过程中，这种令人深感兴趣的"装样子"现象甚至表现得更加明显。

在后来的过程中同样可以看到我将其看做"结局的端倪"的另一种现象，那就是失败一方的发脾气。在冲突进入白热化阶段大约一个月之后，耶罗恩开始出现（情绪失控状态下的发癫式）发脾气现象。他会带着一种准确无误的演戏意识让自己像一只烂苹果似的从某棵树上掉下来，然后在地上四处打滚，一边尖叫一边乱踢着；鲁伊特则始终在进行威胁性武力炫示。这种歇斯底里的爆发给人以一种几乎不加掩饰的绝望与凄惨的印象。当耶罗恩恢复一定的自我镇定时，他会哀嚎着跑向雌黑猩猩们，然后，扑倒在离她们几米远的地上，朝她们伸出双手。这不是一种乞讨的姿势，而是一种哀求的姿势，他在恳求她们的帮助。如果那些雌黑猩猩拒绝帮助甚至故意回避他，耶罗恩就会再次倒在地上，并再次发癫式地发起脾气来。他看起来像是失去了对肌肉的所有控制力，他可怜地尖叫着，像一条旱地上的鱼一样翻腾着自己的身子。

如果雌黑猩猩们提供帮助，那么，他的表现就大不一样了。这时，他会立即跳起来拥抱她们，而后带着紧跟在他后面的雌黑猩猩们朝他的对手的方向前进。但随着时间过去，那些雌黑猩猩变得越来越不愿意帮助耶罗恩，考虑到尼基的辣手干涉，几乎没有人会对这种现象感到吃惊。面对鲁伊特的挑战，随着自身无力感的增强，耶罗恩发癫式发脾气的烈度也在增强。耶罗恩似乎在努力激起雌黑猩猩同情并动员他的同情者来反对鲁伊特。然而，熟则生厌；一旦耶罗恩的发癫式发脾气变得越来越常见并可以预料后，其他的黑猩猩就不再予以理会了。我们也一样。起初，我们的脚像是生了根似的站在那里，对耶罗恩的"痛不欲生

在耶罗恩的许多次发脾气中的某一次，乌特拥抱了耶罗恩，试图安慰他。

的绝望"充满了同情。但过了一段时间，我们也变得越来越麻木了。我们发现，我们很难完全将耶罗恩的绝望当真，那种绝望看起来太夸张、太矫情了。一旦事实上失去了所有的支持，耶罗恩频繁的发癫式发脾气举动也就停止了。在一次与鲁伊特的对抗结束后，他不再发出令人心碎的尖叫，而只是目光呆滞地坐在那里。他已经一蹶不振了。

关于耶罗恩的发脾气，有趣的是，在成熟的三十几岁的老龄期，耶罗恩居然会倒退到要以孩子似的或者不如说是孩子气的行为来引起注意并引发同情的境地。发癫式发脾气通常与断奶的婴儿有关。在那种情况下，孩子们觉得母亲在拒绝他们，因而就尖声大叫并乱踢乱蹬起来，直到母亲重新将他们拉回到她的身边。耶罗恩很可能表现出了同一类型的行为，因为鲁伊特想要推翻他的统治的战役让他感到受挫与受威胁。事实上，耶罗恩就是在被迫断掉权力之"奶"。

耶罗恩从统治者的位置上慢慢下降的事实在他与鲁伊特之间的大多数激烈的冲突中都得到了反映。我已经提到过他们在睡觉的地方所发生的两次战斗，两次都是鲁伊特一出手就赢了。如果我们将这场争夺统治权的斗争爆发的那一天称为第 1 天的话，那么，这两场夜战就发生在第 31 天与第 60 天的夜里。在白天，我们也观察到了其他的严重事件。这些事件我们等会就要描述。鲁伊特与耶罗恩争夺群落统治权的过程终结的那一天是在过程开始后的第 73 天，这一天，耶罗恩第一次"问候"了鲁伊特。

第 17 天

在这两只雄黑猩猩之间发生的第一场肉搏战中，耶罗恩是攻击者。作为对鲁伊特的富于刺激性的威胁性武力炫示的回应，在格律勒的帮助下，耶罗恩追逐鲁伊特并抓住了他。鲁伊特试图挣脱，但发现自己处在了敌人的包围之中（至少有 8 只黑猩猩卷入了这场战斗）。在鲁伊特最终逃到一棵树上前的最后一刻，耶罗恩成功地咬了他一口。鲁伊特则根本没有回咬。

第25天

在鲁伊特的威胁性武力炫示的刺激下，耶罗恩又一次主动发起进攻。耶罗恩与格律勒和普伊斯特一起以最快的速度追逐着鲁伊特，他一边跑一边尖叫。鲁伊特也尖叫着。正当耶罗恩成功地赶上鲁伊特时，耶罗恩却偶然地（?）摔了个底朝天。这一跤过后，追逐继续进行，但后来却在两只雄黑猩猩都逃到一棵树上而那两只雌黑猩猩又没能跟上的情况下突然终止了。这一点都不让人吃惊，因为那两只雄黑猩猩选择的是一棵被高压电网保护着的活树。当时，冲突变得如此的紧张，以至于那两只雄黑猩猩居然有胆量去面对电击。当那两个对手坐在树上时，群体中的所有其他成员都聚集在那棵树下，瞪着眼睛看着这一令人惊异的景象。耶罗恩首先跳了下来，他受到了群体中几个成员的安慰。他们亲吻并拥抱他，其中几个还将自己的手指伸进他嘴里。耶罗恩再三请鲁伊特下来。他的邀请伴随着全方位的邀请姿势：从伸出一只手、嗷起双唇直到性表示（鲁伊特与尼基也有勃起现象）。但鲁伊特还是继续待在树上，他折断了好多树枝并将它们扔了下来。群体中的其他成员都捡起树枝吃起树叶来。有几次，鲁伊特靠几根小树枝平衡着身体，让自己正好悬在耶罗恩的头顶。三刻钟后，鲁伊特才下了树，他的手臂中满满地挽着一大把树枝。当群体中的其他成员贪婪地聚集在鲁伊特带下来的食物周围时，耶罗恩跟着鲁伊特来到了圈养区的另一边，在那儿，他们平静地讲和了。一旦重新成为朋友，这两位马上就互相护理起毛皮来，并且护理了相当长一段时间；而后，他们像兄弟一样地安坐下来，一起享用起耶罗恩手上一直带着的一根相当大的树枝。

这一戏剧性事件对群落内黑猩猩们的生活有着深远的影响，因为从那天起，那些黑猩猩对于活山毛榉树的兴趣大大增强了。第 2 天，我们发现鲁伊特几次坐在那棵树下，看着那棵树，尽管他没敢冒险再爬上去。4 天后，那些黑猩猩已经解决了电网的问题，他们将一根长树枝斜靠在那棵树上，拿它当梯子。后来，这一办法得到了更为频繁的使用并发展成了鲁伊特和尼基的一项专长。耶罗恩则从未表现出过那方面的创造性。在那个第一次及后来的几次中，鲁伊特扮演圣诞老人——给众猿们分发食物——也许都是偶然的，但这种事情却让我立即觉得，看来这很像是他突然想到的一个将众猿的注意力吸引到自己身上来的聪明办法。

第 37 天

在反复受到鲁伊特的刺激后，耶罗恩发起了另一场攻击。耶罗恩将鲁伊特逼到了一棵已经枯死的树的顶部并咬了他。这一次，鲁伊特回咬了。大妈妈、格律勒、普伊斯特和尼基也在这场对抗中扮演了其中的一个角色。只有普伊斯特实际地参与了战斗，不过，可惜的是，我们没能弄清楚她到底站在哪一边。等他们都从树上下来之后，耶罗恩几乎立即从鲁伊特身上跨了过去。而后，这两只雄黑猩猩就互相亲吻起来并互相舔对方的伤口。这一次，鲁伊特的伤口明显更深一些。

这一事件引起了一种值得一提的连锁反应，这种连锁反应与大妈妈可能承担的耶罗恩的雌性支持者的领袖角色有关。当树上的那场小冲突结束而每一只黑猩猩都回到了地上后，大妈妈就径直朝吉米走去，吉米急忙抓起自己的孩子，大声尖叫着逃离开了。与此同时，大妈妈的朋友与盟友格律勒也攻击了克娲姆。这两起突然袭击的原因肯定埋伏在前面所描述的那两只雄黑猩猩之间的那场冲突中，但吉米和克娲姆与那场冲突完全无关。或许，她们的中立态度正是大妈妈攻击她们的理由？关于这一点，我们肯定不可能搞清楚；但是，耶罗恩与鲁伊特之间的主冲突随后会在雌黑猩猩们之间引起连锁反应，这样的事却并不只是发生过这么一次。

在他们之间的一场冲突过去后，耶罗恩朝鲁伊特伸出一只手，请他从树上下来。从左到右：丹迪、尼基与施娭正在朝树上看着。普伊斯特坐在右边。后方的矮墙上，大妈妈（左）正试图从她的朋友格律勒手中得到一些树叶。稍后，鲁伊特从树上扔下了更多的足够供在场的每一只黑猩猩吃的树叶。

第65天

鲁伊特在耶罗恩后面跟了一段时间，并朝他扔了一些石块，由此引发了最后一场激烈战斗。一开始，耶罗恩尖叫着逃跑了，但后来，他突然停了下来并转而与鲁伊特交手。普伊斯特朝那两只正在打仗的雄黑猩猩跑了过去，介入了这场冲突；这一次，我们还是不清楚她到底支持哪一方。不过，看来她很有可能是反对耶罗恩的，因为普伊斯特加入战斗后，耶罗恩就立即从混战中脱身出来并尖叫着逃向大妈妈。鲁伊特追赶着他，不过，有大妈妈在，耶罗恩就能将他击退了。

事态再次平息下来后，普伊斯特走到大妈妈身边并恭顺地"问候"她。在足足半个小时的时间中，耶罗恩与鲁伊特没有就他们之间的争斗达成和解。这一次，耶罗恩受了伤而鲁伊特没有。

除了在睡觉的地方发生的两次战斗和在群体内发生的三次战斗之外，我们从来没有在耶罗恩或鲁伊特身上看到过伤口。由此，我们可以有把握地这样认为：这两个对手之间只发生过五次激烈的对抗。我刚才所描述的发生在群体内的三次战斗显示出了一个明显的转变。在第一次战斗中，耶罗恩是进攻者和赢家，而他的对手则没有回咬。在第二次战斗中，鲁伊特回咬了。在第三次即最后一次战斗中，鲁伊特则成了进攻者与赢家。考虑到这三次战斗发生在彼此相连的几个星期的时间中，因此关于上述转变的原因，从这两只雄黑猩猩的体力变化上是找不到解释的；这几次战斗的不同结果实际上反映了双方的相对社会地位的变化。

我们往往倾向于认为，战斗的结果决定社会关系，而在这里，战斗的结果却是由社会关系决定的。在后来发生的支配与被支配关系的演变过程中，我们也看到了同样的情况。主导性的社会气候影响着对手们的自信心。看来，他们的战斗效率依赖于群体的态度（这有点像一个足球队，在主场往往比在客场踢得好）。尽管 4 个星期后在睡觉处发生的战斗中，鲁伊特已经表明他在体力上比耶罗恩强，但要在群体内在总体上令人信服地证明自己却花了他 9 个星期。到那时，耶罗恩几乎已经不能指望得到任何支持，而且，作为雌黑猩猩之一的普伊斯特可能已经完全脱离他的阵营。在敢于公然攻击耶罗恩之前，鲁伊特已经仔细地测试了整个群体的反应。他在最后一战中的胜利不仅仅是他的体力的一个证明，而且，他还以此相当清楚地向耶罗恩表明：整个群体对他们两个的态度已经发生了根本的变化。

我不相信雄黑猩猩之间的战斗实际上是力量的测试，因为雄黑猩猩太能自我克制。他们只咬四肢，通常是指头或脚，有时也咬肩和头，但并不常见。这种自我克制的特定战斗类型在两只少年雄黑猩猩乌特和乔纳斯之间就已经表现得很明显，无论是在他们的游戏中还是在他们之间的罕见的认真的事件中都是这样。由于这实际上是雄黑猩猩们互相打斗的惟一方式，因而，他们不可能例外地去证明他们各自的体力。至关重要的因素是他们在规则所定的范围内有效地进行战斗的能力。一只雄黑猩猩必须有能力快速地将自己的手脚从那些可能会被对手抓住的地方撤出来，同样，他也必须有能力抓得住对手的手脚，速度和敏捷与力量同样重要。

黑猩猩中控制着雄性与雄性对抗的禁忌与规则是生活在多雄性社会中的物种的特性。这种情况远远不是普遍的。社会性哺乳动物通常生活在由一些或许多雌性和少数成年雄性组成的群落中。在某些物种（例如大象）中，雄性根本不是真正的社会组成部分；在大多数其他动物中，一只惟一的雄性会努力不让对手靠近"他的"雌性们。雄性之间彼此不太容忍对方的存在，他们之间通常几乎没有友好接触，雄性之间实际上是朋友与盟友的情形则最为罕见。

其他三种大猿都是有代表性的，他们之间的关系在从成年雄性之间互不容忍到紧张而十分不合作的关系之间变化着。雄猩猩在雨林中的广阔地域上漫游，以避开其他雄性。雄大猩猩有时生活在同一个群体内但却实行着典型的一雄独占群雌；碰上入侵者时，不将入侵者打死，他们就不会罢休。雄波诺波①们的确在一起生活，但他们之间的竞争是高度激烈的，他们不像雄黑猩猩们那样一起打猎，也不在一起保卫领土或组成政治联盟。雄波诺波们（包括已完全发育成熟的雄性）跟在他们的母亲身边在森林中穿行并靠着她而获得相应的社会地位：社会地位高的母亲的儿子也往往具有高的社会地位。波诺波的社会是由雌性之间的联结形成的，也

---

① 波诺波（bonobo），产于非洲刚果河以南的一种作为黑猩猩与人类的近亲的猿。这种猿曾被误解而被称为"倭黑猩猩"。20世纪后期，科学界根据意为"（人类）祖先"的刚果语将其命名为bonobo。——译者

是由雌性统治的；这种社会本身是令人着迷的，但它也使得那种作为我们自己的社会的特征的雄性之间的复杂关系成了一种微不足道的模式。

在我们最亲近的亲属中，雄黑猩猩们在克服可在所有雄性动物身上发现的基本的竞争倾向以及达到高度合作的能力上可谓一枝独秀。在人类中，许多男人都会一边致力持续不断的办公室竞争，一边又会在反对共同的"敌人"方面保持团结，雄黑猩猩们也能以同样的方式在相互竞争中自我克制，并使他们之间的竞争仪式化，因为他们需要形成一个共同阵线来对付邻居们的攻击。即使是在没有邻近群落的阿纳姆动物园中，雄黑猩猩们所表现出来的被数百万年来发生在自然栖息地中的群际冲突所塑造的心智仍然是兼具竞争与妥协性的。无论彼此间的竞争激烈到什么程度，雄黑猩猩们都会互相依靠一致对外。没有一只雄黑猩猩能算得到什么时候他会需要他的最大的敌人的帮助。当然，正是雄黑猩猩之间的这种同志与对手的混合关系使得黑猩猩的社会结构对我们来说要比其他大猿的社会结构容易认识得多。①

和平的代价

由于那五场战斗是那么壮观，我们或许会倾向于以为它们是极为重要

---

① 关于黑猩猩群落之间的战争的最详细的描述与讨论可在简·古道尔（1986）、理查德·冉哈姆与戴尔·彼得森（1996）的论著中看到。根据最近报纸上的报道：在加蓬，有数千只黑猩猩死去；由此看来，自然资源保护主义者甚至有必要考虑黑猩猩们的领土问题。显然，与机械化伐木业有关的噪声与交通以一条5—10公里宽的连续的砍伐带将黑猩猩们逐出他们的森林家园。威廉·史蒂文斯（1997）引用了生物学家李·怀特根据非直接的证据所作的推测：当猿逃进邻近群落的领土时，就会引发大规模的攻击："一旦发生那种事情，你就很可能触发一场黑猩猩之间的战争。来自被侵入群落的雄黑猩猩们会攻击那些闯入者并由此导致许多黑猩猩死亡。而这时，伐木者们还在不断地到来。被侵入的群落又会向下一个邻近群落的领土转移。新的战争又会爆发。随着伐木者们不断地从林区穿过，这一过程也会继续演绎下去。"

有关波诺波的社会生活的详情请看加纳隆至（1992）的论著和我的《波诺波：被遗忘的猿》一书（1997a）。无论是在被拘之地还是在荒野中，波诺波都远没黑猩猩那么好战：他们甚至会和平地（并富于性爱色彩地）与其他波诺波群落相混融。

的。在这五场战斗之间，还逐次发生了数百次的武力炫示和非暴力冲突。这五场战斗戏剧性地展示了事件的状态，但这最终是由一系列反映在无数无休止的社会性操纵中的复杂因素对双方关系所带来的损害决定的。

为了弥补彼此间的少数几次激烈攻击，耶罗恩与鲁伊特花费了大量的时间和精力来抑制这种爆发。至少，这两个对手之间的多次友好接触和长时间的毛皮护理活动所具有的作用很可能就在于此。在关系紧张时，雄黑猩猩们往往会彼此护理毛皮，我们绘制的关于过去这些年来黑猩猩们间的毛皮护理活动的图表很好地说明了这一事实。一对对雄黑猩猩之间的毛皮护理活动的高峰与他们之间的不稳定关系是相一致的。记录显示：在某次统治秩序重建过程中，这些活动所占时间差不多是20%；换句话说，尽管有那么多的对抗，这两个对手仍然花了他们约1/5的时间来互相护理毛皮。耶罗恩与鲁伊特用于互相护理毛皮的时间没那么多。但他们之间的毛皮护理活动还是要比平时频繁得多。尽管毛皮护理看起来是一种高度放松的活动，但将雄黑猩猩之间比平时更为频繁的互相护理毛皮看做摩擦的一个表征也是有道理的。我强调"雄性"一词，因为我们不能确定这一规律是否也适用于雌黑猩猩。

毛皮护理活动通常在冲突双方和解之后的很短时间内就会发生。起初，耶罗恩与鲁伊特之间的和解会让我们感到困惑，因为这两只雄黑猩猩会毛发竖立着面对面地坐下来，好像他们又要来一场威胁性武力炫示似的。第一个下午，当我看到这一情景时，我感到既惊骇又诧异；不过后来，我搞明白了那种导致友好接触的炫示行为与那种加剧冲突的炫示之间的差异。在和解期间，两个个体必定是不带武器的（他们的手上没有棍子或石头），并且，双方之间还会有目光接触。在关系紧张或进行挑衅与威胁时，雄黑猩猩之间是避免互相对看的。而在和解时，他们则会用眼睛互相直视并朝对方眼睛深处看。一场冲突过后，先前的对手们有时会面对面地坐上一刻钟甚至更长时间，彼此都在努力捕捉对方的目光。一旦对手们最终互相对视——这种对视，一开始是游移不定，后来就越来越坚定了——和解就离得不远了。

除了多次看到耶罗恩与鲁伊特之间的和解情景外，我们也目击过一些休战的情景。有时，在晚上去寝笼睡觉前，黑猩猩之间会发生长时间而且高强度的接触，这大概就是在寻求和解，至少我想不出比这更好的解释。黑猩猩绝不会在尚未和解的情况下就进笼子睡觉；他们之间只发生过两次夜战，或许很可能就是因为这些休战协定的缘故。为了更清楚地说明这一点，我将对这些发生在晚上的"门口的握手言和"之举中的某一次情景做一番具体描述。

第 2 天下午 5 点

除了耶罗恩与鲁伊特还待在门口外，所有的黑猩猩都已经进屋。鲁伊特在离耶罗恩不远处做着轻微的武力炫示。耶罗恩走近鲁伊特，朝他喘着气。他伸出一只手并露齿而笑。鲁伊特也报以露齿而笑的表情，但仍保持着他与耶罗恩之间的距离。鲁伊特几次毛发竖立着围着耶罗恩蹒着大步，但耶罗恩还是请求接触。鲁伊特朝耶罗恩迈出几步，但后来又慢慢地退了回去。在朝更远处退去时，鲁伊特一直对耶罗恩露齿而笑，与此同时，他的阴茎也勃起了。在离耶罗恩大约 20 米远的地方，鲁伊特趴在了地上并将骨盆埋入沙中；在做上述动作时，他一直在喘着气，耶罗恩迟疑地朝他靠近。相当出人意料的是，他们俩不差毫秒地同时尖叫起来，而后，鲁伊特将臀部呈示给耶罗恩，耶罗恩则开始给鲁伊特护理臀部，他一边做着护理一边沉重地喘着粗气。几分钟后，他们坐了下来，继续互相护理并护理了很长时间。一个小时后，他们漫步进了屋子。其他黑猩猩都已经吃了晚餐，但饲养员和我一直耐心地等着，直到这两只雄黑猩猩充分地平静下来并一起进入他们的寝笼处。这顿晚餐他们都吃得津津有味。

耶罗恩与鲁伊特之间的和解与休战不是自动出现的。它更像是由于"荣誉感"看起来处于危险之中而触发的一种抢救行为。如果他们之中没有一个准备迈出和解的第一步——看着对方，伸出一只手，以一种友好的方式喘粗气，或干脆直接走向对手，那么，这两个对手就会继续紧张地面对面坐着，这时，通常就会有一个第三方来帮助他们走出僵局。第三方总是成年雌黑猩猩中的一个。雌性的调解可采取多种形式。以第二天为例：克娆姆就是我已描述过的鲁伊特与耶罗恩之间的那次和解的中介方（她交替着给他们俩护理毛皮），不过，她扮演的角色并未起到决定性作用，因而，那次调解还不足以称为真正的调解努力。至于何谓真正的调解努力，后文中有许多鲜明的事例。在两个对手之间的冲突逐渐减弱下来之后，雌性调解者会走向其中的一方，亲吻他一会儿或帮他护理一会儿毛皮。在她将臀部呈示给他而他也已经检查了她的生殖器后，她会慢慢地朝他的对手那边走过去。这时，第一只被她安抚过的雄黑猩猩就会跟在她身后，不时地嗅她的阴户，而不会去看自己的对手。那只雄黑猩猩对那只做调解的雌黑猩猩的臀部的坚定不移的兴趣是不同寻常的。在其他场合下，一只成年雄黑猩猩是不会跟在一只刚刚将臀部呈示给他的雌黑猩猩后面的，尤其不会跟在一只无性肿胀特征的雌黑猩猩后面的（事实上，有性肿胀特征的雌黑猩猩从未被发现过有充当调解者的。这是可以理解的，因为她们只会是雄性对手之间进一步争斗的根源）。

　　雄黑猩猩跟在雌性调解者后面或许是接近他的对手而又不必去看那个对手的一种借口。显然，那只雌黑猩猩不是因为碰巧而走向那个对手的；她的调解是一种有目的的行为。她会经常回过头来看看以便确信那第一只雄黑猩猩还跟在她的后面，如果他没有跟在后面，她就会转身返回，然后使劲拉他的手，让他跟她一起走。当她和那只雄黑猩猩到达他的对手身边时，那只雌黑猩猩就会坐下来，而后，那两只雄黑猩猩就会分坐在她的两侧并开始给她护理毛皮。几分钟后，当那只雌黑猩猩小心翼翼地站起身来离开时，那两只雄黑猩猩就会继续进行毛皮护理活动，似乎什么都不曾发生过似的，当然，这会儿，是他们之间互相护理毛皮了。

雌黑猩猩的这种令人惊讶的触媒作用，其意义只能被解释为：恢复和平符合她们的利益。所有的成年雌黑猩猩都会在这个或那个时候扮演调解者的角色，不过，并非她们所用的所有方法都像前面所述的事件中的那么巧妙。在这方面，我所看到过的最突出的例子，是发生在刚经历了一场冲突的鲁伊特与尼基之间的一场或多或少是被迫的接触：普伊斯特不断地用手顶扎着鲁伊特身体的侧部，直到他在尼基近旁坐下并不得不在跑开还是朝他的对手靠得更近之间作出选择。结果他选择了后者。

至此，既然我们已经考虑过毛皮护理、目光接触、休战与调解，那么，我之所以会对整个和解主题抱有浓厚的兴趣的原因也就清楚了。我相信，这种行为的社会意义再怎么强调都不过分。对于那些威胁着要使群体生活陷于混乱的力量，作为一种建设性的平衡力量，和解行为几乎确定无疑地扮演着一种关键角色。令人惊讶的是，关于这种动物行为的研究少得可怜。在 1960 年代与 1970 年代，大量的资金被投进了关于人类和动物的攻击行为的研究；但是，关于这一问题该怎么解决，却最终什么都没有做。

此前，我一直未论及和解行为的一个方面，因为这个方面与耶罗恩和鲁伊特之间的斗争的终结密切相关。这就是作为一种和解建议的由冲突双方联合进行的武力炫示现象。作为统治与被统治关系状况的一种测试，这种联合炫示现象似乎具有一种非常特别的意义。鲁伊特已连续多个星期没有"问候"过耶罗恩了，因此，事态发展的方式是没有疑问的。在这种顺从行为的缺失现象中，重点落在对其对立面即支配地位证明上。起初，只有耶罗恩在冲突结束时采取居高临下的支配态度。在寻

　鲁伊特想要颠覆上下级间的例行仪式的企图使得耶罗恩极为紧张不安。他哀嚎着从他的对手身边走开，向茨瓦尔特靠近以寻求安慰。

求和解性接触之前，他所取的就是这种态度。当这两只雄黑猩猩互相靠近时，他们将毛发竖立起来，以使自己看起来尽可能地大，他们互相直视对方的眼睛。那时，耶罗恩实施了"跨身而过"，即：他举着手臂从鲁伊特身上跨了过去。只有到那个时候，那两只雄黑猩猩才互相亲吻与护理毛皮或寻求其他形式的接触。

　　在耶罗恩经常上演"跨身而过"之戏的那几个星期过去后，一个过渡期开始了，其间，他们之间的和解过程几乎不涉及威胁性武力炫示。在这个时期中，鲁伊特逐渐开始尝试"跨身而过"的行为。他的尝试引起了耶罗恩的极度紧张。在鲁伊特试图颠倒一下双方角色的第一次尝试中，两只雄黑猩猩一边互相靠近，一边做着威胁性武力炫示，还一边将自己的身体向上伸展到最高的程度，直到他们两个都靠双腿支撑着身体在那里面面相觑。当鲁伊特举起手臂想要从耶罗恩身上跨过去时，耶罗恩尖叫着跑开了，而后又突然发癫式地发起脾气来。

直到第 50 天，鲁伊特才第一次成功地从耶罗恩身上跨越而过。后来，这种情况变成了标准程序。但那场颠覆是一个十足的渐进过程。耶罗恩与鲁伊特彼此互跨持续了好多个星期。他们两个都在努力避免扮演顺从的被支配一方，因此，有时会将和解过程推入危险的境地。有一次，耶罗恩甚至越出了控制着这种对抗的所有不成文的规则：正当鲁伊特从他身上跨越而过时，他突然用头猛地朝鲁伊特的胸膛撞过去。鲁伊特从耶罗恩身边逃了开去，他一边逃一边大声尖叫着表示抗议。另一次，鲁伊特拒绝被跨过。当耶罗恩向他靠近时，他用两条腿往后退；于是，耶罗恩开始哀嚎，他朝离他最近的那个群体成员跑去，并以短暂拥抱的形式寻求安慰和鼓励；而后，又回过头去找鲁伊特。

在整个过程的最后一个星期，鲁伊特日益增强的支配性终于因耶罗恩的顺从行为而突显出来。这件事又是在和解的情况下发生的，我们观察到了许多新情况。现在，冲突结束之后试图与对方接触的努力都只是由耶罗恩主动做出的。鲁伊特则常常拒绝与耶罗恩有任何关系，这意味着：在鲁伊特准备接受他的建议前，耶罗恩不得不做几次努力。在这种时候，耶罗恩就会朝鲁伊特所在的方向发出某些声音，那种声音虽然很容易让人想起"问候"，但那声音太柔和也太含糊，以至于不像是真正的"问候"。那时，我还没有认识到这三种现象——一方的接触需要、另一方对接触的拒绝以及那种含糊的"问候"——之间所可能有的联系。直到我研究了后来发生的过程，我才突然想起这样一个解释：从某种关系上看，在这一阶段，和解建议似乎只有加上这种柔和的"问候"才能成功地被接受。在这一最后阶段，输方的接触需要是如此地大以至于赢方可以趁机勒索他一下！直到输方已经向赢方发出表示恭敬的咕哝声，赢方才会停止拒绝与输方有任何关系。

我经常看到"问候"是怎样为与一个起初不愿和解的占上风成员之间的和解铺平道路的，这种现象的频繁性让我现在坚信：对接触寻求者来说，他所面临的问题无疑是个"折还是弯"的问题。（如果这一解释听起来太牵强，那么，这在很大程度上是因为我们人类太容易相信这种行为是需要冷静和仔细的思考的，但我不怎么确信事情总是这样。在其他个体身上施加情感压力所需的智能与社会意识可以是潜意识的。毕竟，人类中的儿童有时也会从很小的时候起就成为家庭中的独裁者，而并没有理性地意识到他们的所作所为。）

　　作为勒索的结果，第一次含糊的"问候"是失势的一方朝着新得势的雄黑猩猩的后背发出的，因为后者会走开，只有当他听到那种柔和的咕哝声后他才会停步坐下。耶罗恩与鲁伊特之间的这种朝着对手的背"问候"的现象一直持续到第 72 天，而在第 73 天，耶罗恩第一次当着鲁伊特的面发出了一串清晰的咕哝声。我将这串清晰的咕哝声看作第一次真正的"问候"，而这也给耶罗恩与鲁伊特之间的统治地位争夺战划上了句号。

　　从那时起，鲁伊特与耶罗恩之间的冲突与武力炫示就突然明显减少了。一个星期内，整个群落都享受着难得的和平。两个星期后，那两个原先的对手甚至重新互相在一起玩耍起来，而这样的玩耍在他们之间已足有 3 个月没有出现过了。有心情玩的不只是他们两个，尼基、丹迪甚至大妈妈、普伊斯特和吉米都在带着玩乐表情互相嬉闹着。这是一个非常不同寻常的景象，因为成年雌黑猩猩是很少会有这样的玩乐心情的。

　　稳定的等级秩序是群体中的和平与和谐的一个保证。相关的数据是支持我的这一观点的：从 1976 年到 1978 年，成年雄黑猩猩之间共发生了 37 次激烈的战斗，其中，大部分（22 次）发生在卷入战斗的个体互不"问候"的时期。这些"无问候"期加在一起的时间不到全部的 1/4。这意味着在形式上的统治秩序被破坏时，群内发生暴力事件的风险几乎高达原先的 5 倍。

这些数据为"问候"具有增强信心的效果的假设提供了进一步支援。对得势的雄黑猩猩来说，这种"问候"或许起到了一种保险作用，表明他的地位是安全的。在重建统治秩序的过程中，输方以"问候"的形式表示出来的尊敬是他为了能与赢方保持一种宽松的关系而付出的代价。耶罗恩就是以这种代价在 1976 年年底从鲁伊特手中买到他的和平，那些成年雌黑猩猩们也同样从尼基手中买到她们的和平。随着新秩序的建立，如果不是因为耶罗恩的被推翻远不只是一次等级秩序的转换的话，这个群体本来几乎肯定是会进入一个稳定期的。耶罗恩的垮台突然开启了崭新的结盟的可能性，而当机会出现时，就像人类中的政治家们一样，黑猩猩们也绝不会不去认识并抓住这样的机会的。

三角关系的形成

植物的生长过程如此缓慢，以至于我们无法凭裸眼看到。但我们能够断定一株植物是否在生长，因为我们已经学会识别其生长的一些迹象，例如半开的花蕾和嫩叶等。然而，当我刚开始研究黑猩猩的时候，我却不知道任何与此同类的会告诉我某种社会过程正在进行中的表征。新的形势发展得如此之慢，以至于当过程快要结束时变化才变得明显起来。这并不意味着我从未能够跟踪那些变迁的各个阶段，而是说，我得倒回去以回溯的方式查阅我的那些笔记和日志才能做到这一点。事实上，正是这些每天的观察资料构成了这本书的基础。学生们和我还对毛皮护理、游戏、结盟与"问候"等行为进行了系统的研究，并记录了适宜于计算机处理的其他数据。由此产生的结果就是对于动物行为的定量描述。科学家们非常重视这些定量描述，因为它们给了科学家们一个据以形成结论的坚实基础。正是通过研究所有这些资料，我们才能在回溯中重建群落中社会关系的变化过程。

　　阿纳姆黑猩猩群落中发生的一大变化是"雄性俱乐部"的形成。对那种不能直接靠裸眼看到的非常缓慢渐进的过程来说，这一事件可谓一个典型事例。我们于 1976 年夏天所收集的资料显示：在没有雌性陪伴的情况下，两只或更多只雄黑猩猩坐在一起的事情是多么罕见。那时能看到一个全都由雄黑猩猩组成的子群的可能性是 1/10。在后来几年的夏天中，这个概率有了提高，在 1977 年与 1978 年夏季，这个概率增加到了 1/4；在 1979 年夏季，又增加到了 1/3。在这些年中，雄黑猩猩显然已经开始形成一个他们自己的子群并由此带来了一种性别隔离现象。在这方面，阿纳姆黑猩猩群落与生活在自然状态的黑猩猩群体是类似的：在自然状态中，雄黑猩猩们会形成一些相对独立的帮伙，并将大量的时间花在互相陪伴上。

　　在圈养区的中心区，经常看到耶罗恩—鲁伊特—尼基这一雄性三猿组，而那些雌黑猩猩们则带着她们的孩子以小组的形式分散在圈养区的

　　全雄子群——从左到右：丹迪、耶罗恩、尼基与鲁伊特——舒舒服服地在温暖的沙地上睡着了。

雄三角：从左到右，耶罗恩、鲁伊特和尼基。

其他地方。这并不意味着在那些雄黑猩猩与这个群体的其余部分之间没有接触，雄黑猩猩们仍然经常与孩子们一起玩，并给雌黑猩猩们护理毛皮。不过，在群体的社会活动中出现了一个明确的变化。那三只雄黑猩猩喜欢在一起散步、护理毛皮、玩耍和放松，他们之间的竞争也更明显地限制在他们自己的小圈子内。由于鲁伊特与尼基已经联合起来用在耶罗恩与雌黑猩猩们之间插楔子的办法来推翻耶罗恩的统治，因而，这场权力斗争已经变成一项三雄之间的私事。事实上，那个三猿组合形成了一个政治舞台或一个权力中心。无论在哪个方面都能成功地与雄黑猩猩们保持接触的惟一雌黑猩猩就是普伊斯特。她经常与他们在一起，并在他们之间发生冲突时扮演重要的角色；在一定程度上，她还在他们与其他雌黑猩猩之间起着一种缓冲器的作用。任何寻求雄黑猩猩们的陪伴但与他们一起待得"太久"的雌黑猩猩都有被普伊斯特攻击的危险。

对于第四只雄黑猩猩——丹迪，普伊斯特发挥了同样的作用。在最初的几年中，丹迪自由地与其他雄黑猩猩们来往着，但后来，他被放逐了。有时，普伊斯特会设计将他从紧靠那三个"大老板"的地方调离开并以此来凸显他的孤立，或者，如果她不能靠自己来做成这件事情，她就会唆使其余雄黑猩猩中的某一只来攻击他。由于某些原因，丹迪未能在雄黑猩猩中为自己赢得一个生存空间，他对于群体生活的贡献也很少超过一只低级别雌黑猩猩的贡献。这种现象可以在体力上找到解释。丹迪的确长得比其余三只雄黑猩猩小，不过，在与雌黑猩猩们的战斗中，他还是已经证明自己是够格做她们的对手的。甚至，曾有一度，包括大妈妈在内的雌黑猩猩们都顺服地"问候"他。从生理上看，丹迪是一只各方面都已成熟的成年雄黑猩猩。因此，他在群体中缺乏影响的原因得从社会发展中去找。那时的环境有利于前首领耶罗恩、新首领鲁伊特和积极进取的尼基之间的组织严密并相当排外的三角关系的发展。

这一三角关系的基础奠定于1976年秋天。鲁伊特对群体统治权的成功接管在很大程度上要归功于尼基这一过程始终伴随着尼基对前首领的态度的变化。尼基每天都会有几次独自坐在某个地方，毛发竖立着在那里吼叫。他的吼声逐渐增大，直到变成一种响亮的高声尖叫才会结束。然后，他会飞快地横穿圈养区，重重地跺着地或某扇金属门。在另一些时候，他会先向空中跃起2米高，然后用双脚重重地、响亮地撞在某扇门上。起初，他的威胁性武力炫示看起来并不针对任何一只特定的黑猩猩，但后来，这种行为越来越频繁地发生在靠近耶罗恩的地方。最终，他开始直接对着耶罗恩吼叫。他会面对着他坐下来，在空中挥舞着大块的木头。有时，他还会在耶罗恩面前忽前忽后地舞着一根棍子，因此，耶罗恩会被迫急忙蹲下身子或者后退一步，以避开他的棍子。

奇怪的是，耶罗恩并没有表示抗议。他没有像以前对付鲁伊特时那样高声尖叫，或发起反攻。他在努力尽可能地不理睬尼基，尽管尼基就

耶罗恩（右）不理睬尼基的吵闹的吼叫。

正好站在他的面前挑衅地吼叫着，但他却好像没看到或听到他的挑战者似的。有几次，耶罗恩转向鲁伊特，先对他短暂地咕哝一会，而后又朝尼基的方向点几次头，以此来请求他的帮助。鲁伊特会以气势汹汹的威胁将尼基赶开来对耶罗恩的请求作出回应。在另一些场合中，耶罗恩会朝尼基伸出一只手并哀嚎着，似乎在请求他停止威胁。他们俩从来都没有打过，尼基的每一次长时间的威胁性武力炫示最终都会以他们俩互相护理起毛皮来而告终。这些护理活动是一种和解的形式，不过，他们俩之间的和解少了耶罗恩与鲁伊特和解时那种热烈的拥抱。也许，耶罗恩与尼基之间的和解是不冷不热的，因为他们之间的紧张从来没有达到很强烈的程度。

　　10月底，我们第一次听到了耶罗恩对尼基的"问候"。这标志着一场不曾有过流血冲突并从总体上看对群体只有非常轻微影响的统治秩序重建过程的结束。现在，群体内的等级秩序是这样的：1. 鲁伊特，2. 尼基，3. 耶罗恩，跟在后面的是其他成员。而先前的等级秩序曾经是：1. 耶罗恩，2. 鲁伊特，然后是包括尼基在内的其他成员。尼基已经从先前的默默无闻、无足轻重的状态上升到"副司令"的地位，现在，他的地位已经稳居在两位先前的高等级雄黑猩猩之间。

耶罗恩为什么不抵抗尼基的挑战呢？我能设想很多种理由，但没有一个是能被确凿地加以证明的。在与鲁伊特的争斗结束的时候，耶罗恩似乎处于一种身心俱疲的状态。冲突对他的影响是如此巨大而深刻，以至于他已不再在乎尼基是否也会在等级地位上领先于他了。再说，这一次，他们所争的不过是等级序列中的第二个位置而已。

也许，在 1976 年，由于策略上的多种理由，耶罗恩不想跟尼基做对头。那时，鲁伊特与尼基之间的竞争日益加剧，耶罗恩对尼基的任何反抗都会在某种程度上给鲁伊特带来好处。耶罗恩也许已经感觉到另两位雄性之间的紧张的加剧会让他有利可图，而且，他很可能已经预见到，如果尼基想要保住他的雄 2 号地位的话，这个有利的局面还会进一步发展。我不知道黑猩猩们是否有能力做这样的预测，但事实是：后来，耶罗恩从鲁伊特与尼基之间的对抗中获益巨大。通过让自己对尼基顺服，耶罗恩让自己降了级，但他却又借此将自己放在了那个三角关系的关键位置上。

鲁伊特的新策略

1977 年，一群中学生来阿纳姆动物园访问，他们要对那个黑猩猩群落作几天的观察。当我问他们谁是群体首领时，他们中有 21 个说是鲁伊特，有 3 个说是尼基，有 2 个说是耶罗恩。那些孩子完全不知道我们的等级地位高低标准，而且，我还故意给那些雄黑猩猩取了新名字，这样，我的学生们和我就可以讨论那些黑猩猩而不必担心以任何方式影响那些孩子的判断了。根据那些中学生的看法，判定鲁伊特是雄性统治者，是因为：一、他更自信；二、他的气势汹汹的武力炫示也比另外两只雄黑猩猩给人的印象更深刻；三、群体成员们对他最为敬畏；四、鲁伊特的个头那么大。根据他们的描述，鲁伊特显然已经占据雄1号的位置。就像在他之前的耶罗恩一样，他也在不断地将自己的毛发略微地竖立起来，以便使自己看起来更大也更有力量。他看起来威风凛凛。

鲁伊特发生的变化不仅表现在外貌与他进行气势汹汹的威胁的方式上，而且还表现在他已经采用的一种崭新的策略上。（这里的"策略"一词是指以达到某个确定目标为目的的某种持续稳定的社会行为，无论这种行为是由先天倾向还是由后天经验与预见或是由这两者同时决定的。例如，一个身为母亲的黑猩猩在自己年幼的孩子受威胁或攻击时每次都会去保护它，这种行为也是在实施一种策略：保护后代的策略。）起初，在尼基的帮助下，鲁伊特所遵循的是一种导致耶罗恩倒台的策略。然而，一旦这一特定的权力接管目标已经实现，鲁伊特的社会态度就完全改变了。他的新策略看来瞄准了一个完全不同的目标，即稳固他刚刚获得的地位。他改变了他对待成年雌黑猩猩们以及耶罗恩和尼基的态度。

每当雌黑猩猩中有激烈的争吵爆发时，从鲁伊特的行为中便可清楚看出他对她们的新态度。例如，有一次，大妈妈与施嫔之间的一场争吵失去了控制，最后互咬互打了起来。很多的黑猩猩跑向这两只正在交战的雌黑猩猩并加入了冲突。一大群打斗着、尖叫着的黑猩猩在沙地上滚来滚去，直到鲁伊特跳进猿群并打得她们一个个散开来。他没有像其他黑猩猩那样选择站在某一边，而是让任何一只继续战斗的黑猩猩都挨他的一巴掌。以前我从没见过他有如此令人难忘的举动。这个特别的事件发生在 1976 年 9 月，在他成为首领仅仅几个星期后。在另一些场合，他平息了另一些激烈的冲突，但出手并不怎么重。有一次，大妈妈与普伊斯特打得难分难解；见此情景，鲁伊特将他的双手插入她们之间，强行将这两只大块头雌黑猩猩分开。而后，他站在她们两个之间，直到她们停止尖叫。

除了这种不偏不倚的干涉外，鲁伊特有时也会站在这一方或另一方的立场上进行干涉。不过，这时，他的策略又变了：他变成了"输家的支持者"，而不是"赢家的支持者"。我用"输家的支持者"这一术语来描述这样一个第三方个体：他介入一场冲突时，总是站在如果得不到帮助就会输掉的一方；例如，假如尼基攻击安波，鲁伊特就会以帮助安波赶走尼基的方式进行干涉。如果没有鲁伊特的帮助，安波就绝不可能打败尼基。如果鲁伊特的干涉纯粹是随机性的，那么，他支持输家与赢家的次数就应该各占 50%。但事实上，在成为首领后，鲁伊特就开始显示出他与弱小一方的团结。以前，他支持输家的比例占 35%，但在地位上升到雄 1 号后，这个数字就增加到了 69%。这两个数字的对比反映出了鲁伊特的态度的戏剧性变化。成为首领一年后，鲁伊特支持输家的比例更进一步上升到了 87%。

作为雄 1 号，鲁伊特本来就应该使自己成为和平与安全的捍卫者，并通过支持弱势者来努力防止冲突升级；因而，他的这种行为并不令人吃惊。在很多灵长目动物中都可以发现这种履行"首领的控制职权"的行为。这种管理角色对于那个雄性首领自身所可能有的重要性还不怎么为人所知。在短尾猕猴中存在着这样的迹象：群体首领的保护作用及他与雌性之间的牢固联系具有将其他雄性排斥在群体中心位置之外的功效。这自然有助于他的领袖地位的稳定。那些不想被吓跑的竞争对手就会遇到大量的抵抗。曾观察过短尾猕猴群中的领导权变迁过程的欧文·伯恩斯坦就曾经描述过一个这样的事例。他断定："没有群体中一个相当大的部分的支持，那些具备出众战斗能力的年轻雄性们并不能篡夺群体领导权。"

我们不难想象：一个首领行使控制职权向群落其他成员提供的保护与他在地位受到威胁时所得到的作为回报的支持之间是有联系的。换句话说，一个未能保护雌性成员与孩子们的首领在他对潜在对手进行反击时是不能指望得到帮助的。这种现象提示我们：首领履行控制职责并不完全是一种义务性的善行，事实上，他的地位依赖于它。用这种观点看，耶罗恩的倒台就可以用他在保护其他成员上的无能来解释：他未能有效地保护其他成员以使他们免遭鲁伊特与尼基的攻击。而鲁伊特的行为也可以用同样的观点来解释：起初，他在耶罗恩在场的情况下攻击或辱骂那些雌黑猩猩，以此证明她们指望耶罗恩支持她们的希望是多么渺茫；后来，他的态度完全改变了，他自己承担起了群体成员的保护者的角色。

在耶罗恩与鲁伊特为了争夺统治权而进行的斗争结束大约 4 个月后，雌黑猩猩们开始支持鲁伊特。1976 年冬季，雌黑猩猩们介入耶罗恩与鲁伊特之间的冲突时所持的立场有九成是支持鲁伊特的。她们介入鲁伊特与尼基之间的冲突时的情况也是这样。这时，鲁伊特的首领地位已具有更广泛的基础。那时，只有格律勒拒绝抛弃耶罗恩。在其他黑猩猩改变阵营期间，格律勒与普伊斯特之间常常处于关系紧张的状态。这两只雌黑猩猩之间几乎每天都会发生战斗，其原因大概是：到那时为止，普伊斯特一直是以鲁伊特的最重要的支持者的身份出现的。那年秋天，有时，我们会看到普伊斯特在一场冲突中冲过去援助鲁伊特，但大妈妈会明白普伊斯特想要干什么，因而，她会赶走普伊斯特，以此将任何这样的举动扼杀在萌芽状态。到了那年冬天，大妈妈的干涉之心松懈了一些（她怀孕了），因此，普伊斯特和其他成员想要发泄他们的"真实情感"的道路也就畅通了。不过，事态的发展并没有到此为止，因为过了一段时间，大妈妈倒向了鲁伊特。现在，每当有其他雄黑猩猩将他置于困境时，这位新领袖就可以去请这位强大而富有影响力的雌黑猩猩出面相助了。

如果鲁伊特是一群短尾猕猴的首领的话，那么，单单雌猴们的支持或许就已足够了。但在黑猩猩中，雄性之间的结盟倾向是如此强烈，以至于一个黑猩猩首领必须始终考虑到其他雄性联合起来反对他的可能性，如果他所在的群体除了他自己外还有两只或更多的雄黑猩猩的话。在耶罗恩处于权力顶峰的时候，这个问题还没有显现出来。耶罗恩将他的地位建立在雌黑猩猩们的支持上；而那时惟一的另一只成年雄黑猩猩鲁伊特则被迫生活在群体的周边之地。他经常被看到在远离群体其他成员的地方孤身独处。那时，这个群体的结构很像一个小型短尾猴群体的结构——一个绝对的领袖作为群体的聚焦点高高在上，那些潜在的竞争对手则被迫处于边缘地位。只有当尼基已经完全成熟并发展成鲁伊特的一个可能的结盟伙伴时，耶罗恩的首领生涯才会走到尽头。后来发生的统治秩序重建过程不仅影响和改变了领导阶层中的某些成员的个体等级，而且也影响了领导地位得以稳定的前提。作为新的雄1号，鲁伊特不得不与两个而不是一个竞争对手进行斗争。如果鲁伊特试图把耶罗恩和尼基两个都驱逐到群体社会生活的边缘地带中去的话，这种努力是没有用的。那样做其实就相当于政治自杀，因为这两只被放逐的雄黑猩猩会联合起来反对他的。鲁伊特所剩下的惟一可行的做法就是将那两只雄黑猩猩中的某一只转化为他的盟友，他选择了耶罗恩。

鲁伊特的选择证明黑猩猩之间的友谊在多大程度上是与境遇相关联的。毕竟，鲁伊特曾经与尼基联手共同对付耶罗恩与雌黑猩猩们。而现在，他却将一切都颠倒过来，转而站在耶罗恩与雌黑猩猩们一边反对起尼基来了。尽管尼基先前对雌黑猩猩们的攻击对于促进鲁伊特自己的事业大有益处，甚至鲁伊特也不时地支持尼基反对雌黑猩猩们，但现在，

尼基驱赶着鲁伊特并用一块沉重的大石头威胁他。

鲁伊特却会介入到尼基与雌黑猩猩们之间，有时甚至在事情还没有发展的时候就进行干涉。每当尼基竖起他的颈毛靠近一只雌黑猩猩、轻微地摆动着身体准备攻击她时，鲁伊特就会以置身于这个攻击者的身边或面前的方式开始他的行动，这样，尼基就不敢有任何进一步的行动了。在另一些情况下，鲁伊特也会真的攻击尼基，他会掌击他或踢他，直到他尖叫着跑开去。鲁伊特对尼基的态度已经变得冷酷了，他们之间的冲突也随之增加了。

然而，他们之间的冲突的最大根源不是那些雌黑猩猩，而是他们与耶罗恩的接触。他们都在寻求与前领袖的友谊并都不会允许另一个坐在他身边。每当另外两个在彼此邻近的地方休息或者消遣，尼基就会开始吼叫，并在一定距离之外开始威胁性武力炫示，他会继续这样做上几分钟，直到耶罗恩站起身并以故意让他看个明白的样子从鲁伊特身边走开。耶罗恩很少作出抵抗，但是，他到底站在哪边却经常是让人疑惑不定的。首先，他会从鲁伊特身边走开，但是，当尼基停止威胁性武力炫示时，他又会返回并重新坐在鲁伊特身边，而这又会使得尼基再次开始他的威胁性武力炫示。每当出现这样的情况，鲁伊特就会置身于耶罗恩与尼基之间或将尼基赶走，以此来保卫自己与耶罗恩的接触。

后来，鲁伊特还对耶罗恩与尼基之间的接触产生了更积极主动的兴趣。由于他的地位，他能果断、有效地行动，这通常表现在对尼基的攻击上。这也就意味着，鲁伊特通常都会赢得竞争并与耶罗恩构成更稳固的联系。到了那年冬末，鲁伊特已经成功地开创了一个他自己与耶罗恩之间的接触要远远多于尼基与耶罗恩之间的接触的局面。到了这一步，鲁伊特的策略已经取得了完全的成功。但是，还有一个因素是他所不能控制的，而这正是他的雄 1 号地位的稳定与否所依赖的因素，那就是耶罗恩自己的态度。

耶罗恩与尼基之间的封闭式联盟

1977年4月中旬，一个美丽的春日，阿纳姆黑猩猩群落又被允许到室外生活了。在接下来的几个月中，我对鲁伊特牢牢地控制着群体局势这一点变得越来越确信。尼基会一日三番地在鲁伊特面前表现出极为恭顺的行为：他会让自己的毛发平伏地紧贴在自己的体表上，以便使自己看起来尽可能的小，还会很响亮地"问候"鲁伊特。如果鲁伊特径直朝他靠近，尼基就会以人们所熟悉的被称作弹跳的那种类似蛙跳的方式向后跳开一步。有一次，由于尼基对周围的环境如何意识过于淡薄，以至于他向后一跳就跳进了护河之中（幸运的是，河的边缘部分水很浅）。显然，当时鲁伊特给他的印象太深刻了。

耶罗恩也"问候"鲁伊特，但不是以这样一种夸张的方式。这样做有失他的身份与尊严，也与他的年龄不相称。我从来没有看到过耶罗恩表现得过分谦卑，他总是轻声地"问候"鲁伊特；如果有必要的话，最多再加上低头，但决不会走得更远。鲁伊特总是以高度自信的神态打断耶罗恩与尼基之间的任何接触。例外是罕见的，但偶尔也会出现。有一次，在由鲁伊特发起的一场冲突中，耶罗恩的确保护了尼基，使他得以免受鲁伊特的攻击；但事后他又立即去"问候"鲁伊特，并给他护理毛皮，似乎在为刚才所做的事道歉似的。后来，为了显示自己的地位，鲁伊特又一次对尼基发起了追击，这一回，耶罗恩就由它去了。在另一些时候，耶罗恩则直截了当地拒绝了尼基要求帮助的请求：当尼基尖叫着朝他伸出一只手时，他转过身去，用背对着尼基，并自顾自地走开了。看起来，耶罗恩好像已经作出要支持鲁伊特的最终决定了。我们经常看到耶罗恩坐在鲁伊特近旁，有时候，他甚至与鲁伊特一起对尼基进行威胁性武力炫示。另外，关于这两只较年长的雄黑猩猩之间的合作，还有

成长中的反鲁伊特联盟：上，鲁伊特（前景）对耶罗恩进行了一场冲锋式武力炫示并冲到了他的前面，耶罗恩跳到了高处并以虚张声势的威胁来回敬鲁伊特。

这样一种简洁的解释：在这个群体建立起来之前很久，他们就已经彼此认识了，因而看来，很有可能是他们之间的历史联系最终导致了他们之间的联盟。

不管这个解释听起来多么合乎逻辑，但它仍然是一个说服力不强的解释。基于私交的联盟应该是比较稳定的；相互之间的信任和同情不会在一夜之间出现或消失。然而，到那时为止，我们并没有发现过关于联盟的稳定性的证据，至少没有证据证明成年雄黑猩猩们之间的联盟是稳定的。鲁伊特结束与尼基的合作是因为他突然不喜欢他了吗？鲁伊特与雌黑猩猩们之间的联盟的形成是一个突如其来的相互同情的问题吗？如果友谊是如此灵活善变的东西，以至于它可以被随意改变以适应某种具

成长中：反鲁伊特联盟：
上，耶罗恩改变了战术，他将
鲁伊特赶上了树并一边驱赶一
边尖叫。鲁伊特没有露出牙齿。
下，现在，当耶罗恩（右）以
尖叫来引起尼基的注意时，鲁
伊特（左二）则露出了他的牙
齿。（这时，尼基正在他们右边
的一个照片以外的地方进行着
威胁性武力炫示；而普伊斯特
正站在鲁伊特旁边，乌特则坐
在耶罗恩旁边。）

体境遇的话，那么，它的更恰当的名称就是机会主义。首先，在不再为一个实用目的服务后，耶罗恩与鲁伊特之间的那种合作关系依然存在的可能性总是存在的，这暗示着他们之间的那种合作关系是建立在真正的友谊之上的，但后来发生的许多事情证明，这种想法是错误的。即使这样的老交情也不足以经得起持续不断的权力斗争的考验。

　　那年8月份，三雄之间的三角关系逐渐开始变化。尼基与耶罗恩都变得对鲁伊特不那么顺服了，他们越来越频繁地抵制他的干涉。当首领对他们俩进行威胁性武力炫示时，他们也不再害怕了。耶罗恩开始尖叫并猛烈地攻击鲁伊特，与此同时，尼基则一直毛发竖立着紧挨着耶罗恩，看起来像是在对鲁伊特进行威胁。在离间另外两只雄黑猩猩上，尼基逐渐变得更为成功。鲁伊特试图阻止他那么做，但如果尼基坚持，那么，耶罗恩就会从鲁伊特身边走开，扔下无力改变耶罗恩的决定的鲁伊特不管了。简而言之，雄三角之间的平衡看来正朝着有利于雄2号与雄3号之间的联盟的方向移动，而这意味着对雄1号的一种极为严重的威胁。不断增长的不安宁状态在6个星期后的一场大规模的战斗中达到了顶点。在那场大战进入倒计时的几个星期中，尼基首先停止了对鲁伊特的"问候"，接着，耶罗恩也紧跟他的步伐，而且，这两只雄黑猩猩在逐渐朝着一个真正的联盟的方向靠近；这个真正的联盟于整整3年后的1980年还是像往常一样牢固。

　　那些星期中最初发生的事件都是与那两只较年长的雄黑猩猩有关的。为了让耶罗恩加深对他的印象，鲁伊特大约每天两次对耶罗恩进行威胁性武力炫示。但耶罗恩却不再像他此前所做的那样"问候"鲁伊特，而是激烈抗议起来。他会尖叫着去驱赶鲁伊特，而鲁伊特则会平静地朝旁边闪开一步以避开他，而后继续对他进行威胁性武力炫示。他们之间的追击经常在那些已经枯死的橡树上结束，在那些树上，鲁伊特全身的毛发竖立着，像人猿泰山一样地在树与树之间跳来跳去，那种跳跃给人的印象实在深刻。在树上时，耶罗恩会试图跟上鲁伊特，但每当鲁伊特靠近时，耶罗恩实际上根本就不敢去碰他。然而，一旦尼基出现在树下并在那儿进行威胁性武力炫示或朝着树上攀爬了一小段时，耶罗恩的行为立即就会发生变化。这时，耶罗恩会鼓起勇气，以一种更为气势汹汹的音调尖叫起来并试图抓住鲁伊特的双脚。从鲁伊特的表情可以看出，他显然十分害怕这种情形。这时，如果他又看到尼基正在靠近的话，他就会露出他的牙齿，有时甚至会尖叫起来并逃向大妈妈。不过，在最初的那几个星期中，尼基并未采取任何行动。他只是站在耶罗恩旁边进行威胁性武力炫示并允许耶罗恩拥抱自己，此外就不再有更进一步的行动。

在这样的事件结束、每一只黑猩猩都已回到地上来的时候，尼基就会对耶罗恩进行威胁性武力炫示，直到迫使耶罗恩来"问候"他。这种冲突通常持续半个小时，每次都是以耶罗恩反抗鲁伊特的威胁性武力炫示开始，以他顺服地接受尼基的完全一样的行为结束的。在每一次联合行动后，联盟内部的两只雄黑猩猩之间的支配与被支配关系就以这种方式得到一次确认与巩固。

过了一段时间，雄三角关系的重点转移到了尼基与鲁伊特之间的直接冲突上。耶罗恩变得越来越自信，他如此频繁地进行着气势汹汹的武力威胁，以至于简直像是重新获得了他以前的首领地位似的。与此同时，他日益变得满足于让尼基自己去为了他与鲁伊特之间的争斗而战，尽管在站在谁这边的态度上，他表现得泾渭分明。当尼基开始对鲁伊特进行威胁性武力炫示时，耶罗恩通常都会走向尼基并紧贴在他的身后站在那里，他会将双手环绕在腰部，将他的下腹顶在尼基的屁股上，并随同尼基一起轻轻地吼叫着。这个姿势叫做"爬骑"，它肯定源自性交动作。不过，在这种情况下，它并没有性的意味；它代表着团结一心。尼基与耶罗恩逐渐形成了一个（不会被第三者离间的）封闭的阵线。当尼基与耶罗恩第一次以联合的姿态出现在鲁伊特面前时，鲁伊特的反应是：立即瘫作一堆，而后在草地上尖叫着滚来滚去，并用拳头击打着地面和他自己的脑袋。他的两个对手站在那里，合唱似的与鲁伊特一起尖叫了一会儿，看着他癫痫发作似的发脾气，而后肩并肩地走开，将那个痛不欲生的首领留给了群体中的其他成员，让他们去努力安慰他。从那一天起，鲁伊特与尼基之间的冲突数量就在快速增长。他们之间日益增长的紧张情绪也在无数的毛皮护理活动以及和解行为的强度上得到了反映。即使在和解过程中，耶罗恩也朝他们冲过去并短暂地在尼基身上爬骑一会，以此再一次强调当前局势如何。

那个一年之前会半开玩笑式地与鲁伊特一起吼叫并朝耶罗恩扔沙子的尼基，现在却来了个一百八十度的大转弯。此外，他现在的行为也更具有威胁性得多，而且，他的影响力也已经变得比以前强得多了。现在，他可不只是一只可以用来影响另外两位之间的力量平衡的砝码。现在，群落内部的雄三角关系的重点已经落在了他自己与鲁伊特之间的力量平衡与否的关系上，而那些雌黑猩猩们和耶罗恩则成了可以用来影响这一平衡的砝码。

领导与被领导关系的第二次变化与第一次变化不同，这次不是由一个在体力上比首领更强大的挑战者引起的。仅就体力来看，我会说：鲁伊特与尼基大致上是旗鼓相当的。由于这一原因，只有当耶罗恩在近旁的时候尼基才敢挑战并激怒鲁伊特。当其他情况下，他就得十分小心了。有一天，由于暴雨的缘故，整个群体得待在室内，鲁伊特就趁机毫不客气地打了尼基一顿并咬了他身上的几个地方。尼基没有还手，他只是逃向耶罗恩那边并在逃的时候短促地尖叫了一声。如果当时尼基还手，那将是非常不明智的，因为那时所有的雌黑猩猩们都在大厅里，她们肯定会过来帮鲁伊特的。

在室外，雌黑猩猩们的影响力比较小，因为她们分散在整个圈养区内，即使单枪匹马的鲁伊特也已是尼基难以对付的一个强大对手。当这两只雄黑猩猩互相对对方进行威胁性武力炫示时，他们之间的紧张关系表现得最为明显。鲁伊特与尼基两个都会竭力在对方面前掩饰自己的哪怕是最轻微的不自信迹象——鲁伊特用他所特有的在地上猛烈跺脚的动作，尼基则用他的吼叫及经过仔细瞄准的石块投掷行为。然而，当他们不在对方的视野之内时，他们就会表现出明确的害怕征候。这就是所谓"真正的虚张声势"，意思是：他们都在装作比他们实际上更勇敢更无畏。例如，在他们之间的一场对抗正在进行的过程中，我观察到过一系列明显的信号伪装行为。当鲁伊特与尼基在相邻近的地方进行了十多分钟的威胁性武力炫示后，他们之间爆发了一场冲突；在这场冲突中，鲁伊特得到了大妈妈和普伊斯特的支持，而尼基则被赶到了一棵树上。但不久，当他还待在树上的时候，他就又开始对首领吼叫起来。鲁伊特坐在树底下，背对着他的挑战者。当他重新听到那挑衅的叫声时，他露出了牙齿，但他立即就用手去遮嘴并强行将双唇压合在一起。当时，我简直不敢相信自己的眼睛，于是，我赶紧将双筒望远镜对准他。我看到那神经质的露齿似笑的表情又出现在了他的脸上，而他又一次用手指将双唇压合在一起。在第三次做这种努力时鲁伊特终于成功地将那露齿似笑的表情从他的脸上抹掉了，只有到这时，他才敢转动自己的身子。稍后，他又开始对尼基进行威胁性武力炫示了，似乎刚才什么都不曾发生过；在大妈妈的帮助下，他将尼基赶回到了树上。尼基看着他的对手走开。突然，尼基转动了一下他的背，在其他黑猩猩无法看到他的那一刻，一个露齿似笑的表情出现在了他的脸上，而且，他还非常小声地哀鸣起来。因为当时我就在离他不远的地方，所以，我能听到尼基那轻微的哀鸣声；不过，那声音被压得那么低，以至于鲁伊特很可能不会注意到，他的对手在掩饰自己的情感方面也有困难。

10 月 14 日，双方之间的紧张关系突然爆发成了一场全面的大战。

尼基与鲁伊特之间的高强度的和解行为。上，他们想要护理肛门的欲望是如此之强烈，以至于他们采用了一个"69"姿势。下，后来他们换成了一个较为轻松的姿势。(在这两张照片中都是尼基在左而鲁伊特在右。)

这是耶罗恩—尼基联盟第一次真正重拳出击，它证明了：鲁伊特的地位是多么的不牢固。那场冲突是在中午的时候，在鲁伊特围着耶罗恩进行了一段时间的威胁性武力炫示之后开始的。

第一阶段

耶罗恩开始以气势汹汹的武力炫示回敬鲁伊特，但他不敢攻击鲁伊特并开始哀嚎。耶罗恩朝尼基走过去并朝他伸出一只手。与此同时，毛发竖立着的尼基开始绕着户外圈养区跑动，他一边跑一边进行威胁性武力炫示并不时地对一些雌黑猩猩实施攻击。耶罗恩继续请求尼基来支援他并成功地将鲁伊特赶到了一棵树上。鲁伊特以气势汹汹的武力炫示回敬耶罗恩，但当尼基最终赶过来与耶罗恩会合时，他尖叫着逃跑了。鲁伊特跳到另一棵树上，然后滑落到地面上。他的对手们跟踪而至，而他匆忙之中爬上了一棵孤零零的小树，但这实际上是一条死路——若要下树，他就不可避免地要与另外两只雄黑猩猩发生一场遭遇战。鲁伊特以一种我从来没有听到过的方式尖叫起来。他似乎已经完全惊慌失措。尽管我身上带着照相机，但我却因为太过紧张而没能拍照。鲁伊特孤立无援地待在树顶，而他的对手们看来决意要抓住他，我感到，这场冲突的后果肯定会是致命的。

后来，普伊斯特跑了过来，将尼基赶开了，不过，时效不长。不久，尼基回来重新占据了原先那个与鲁伊特相对的位置。正当普伊斯特朝那两个攻击者咆哮着发出威胁时，大妈妈慢慢地来到了冲突现场，她的身后跟着群落里几乎所有的其他成员。大妈妈将毛发竖了起来，并在离鲁伊特被围堵的那棵树大约 10 米远的草地上坐了下来。尼基急忙爬下来走向大妈妈。他将一条手臂搭在她的身上并尖叫起来。大妈妈将他的手臂推开了。她朝前挪动几步，在靠那棵树很近的地方坐了下来。她瞪着耶罗恩。耶罗恩坐在树上。他待在坐的地方，一边朝大妈妈伸出一只手一边哀嚎着，她没有反应。如果尼基与耶罗恩是想以这种方式争取让大妈妈站在他们这边的话，他们就错了。

第二阶段

在发出一阵震耳欲聋的尖叫后，尼基与耶罗恩两个都朝鲁伊特所坐的地方爬去。鲁伊特除了应战别无选择，因为他无路可逃。尼基与耶罗恩抓住了他并咬了他，但这场不平等的争斗并没持续多久，因为那些地位最高的雌黑猩猩们已经集结起来，并很快就跟着鲁伊特的那两个攻击者爬上了树。大妈妈与普伊斯特两个都咬了耶罗恩。而后，大妈妈将耶罗恩拖下了树，她愤怒地尖叫着，在整个圈养区内驱赶着耶罗恩。普伊斯特待在树上，与格律勒一起向尼基发起攻击。既然耶罗恩已经被驱逐，鲁伊特也就从树顶上爬了下来，加入了对尼基的攻击。尼基最终被由鲁伊特、格律勒、普伊斯特、乌尔以及丹迪所组成的联盟打败。营救活动完全成功，整个过程用了不到 1 分钟。

第三阶段

看到这场战斗的每一个人都倒抽一口冷气。我从来没有看到过有那么多黑猩猩在同一时间内受伤。鲁伊特的一只手指和一只脚受了伤，尼基的一只脚和背受了伤，普伊斯特的一只脚受了伤，耶罗恩的鼻子上有一道横向的抓痕。所有的伤都是表面伤，尽管后来鲁伊特在走路时好些天都没法用上他那只受了伤的手。（他用腕部代替掌部来支撑身体。令人惊讶的是，群体中的幼猿们都模仿起他走路的样子，而且，他们还做出因腕部失衡而突然绊倒的样子。）

在那场冲突中，尽管他的支持者们已赶过来救他，但鲁伊特显然是输家，而尼基则表现得像赢了似的。冲突过后约 5 分钟，尼基就毛发竖立着趾高气扬地走向鲁伊特，并试图来个跨身而过。鲁伊特拒绝俯下身子，但他还是给了尼基一个伴有喘气的吻来作为替代，而后就走开了。半个小时后，尼基又一次走到鲁伊特面前并给他护理毛皮。耶罗恩也过来加入他们的队伍，并且也给鲁伊特护理起毛皮来。和平又回来了。不

毛发笔直竖起的尼基（左）朝鲁伊特走去，他看起来要比实际上大，鲁伊特则一边发出"问候"的声音一边回避着尼基。

过，鲁伊特对群体的领导显然就此告终了。另外两只雄黑猩猩已经使他明白，他们之间的联盟是必须被严肃认真地加以对待的，而那些雌黑猩猩们也做不了任何可以改变这一事实的事情。从那天起，鲁伊特的处境就日益恶化；7个星期后，他终于承认尼基是他的上级。

尼基不在群落中的时候

群体中的雄黑猩猩之间的统治秩序重建过程不仅在雌黑猩猩们中而且也在我们这帮人类观察者中制造了紧张气氛。在尼基的权力迅速蹿升的那段时间中，那个黑猩猩饲养员与我本人之间也出现了严重困难。饲养员坚决认为：尼基太年轻、太不受控制，因而不能胜任首领的职位。

在某种程度上，他的观点是正确的；根据我们关于荒野中的黑猩猩们的相关知识，像尼基这种年龄的雄黑猩猩对于担任群体的最高职务来说多半还不够成熟。我与饲养员的意见相反：作为首领，尼基会完全依赖于那只最年长的雄黑猩猩，因而，我们不必担心一个还在流鼻涕的暴发户会实行绝对的独裁统治。

在担任首领的最初几个星期中，尼基度过了一段非常困难的时光。那时又已经是冬天，群体在室内生活。在相对受限制的室内条件中，鲁伊特与耶罗恩有时难免会坐在互相靠近的地方。而尼基试图不惜任何代价也要防止这种事情发生。有时，我们会看到尼基与鲁伊特互相推挤着靠近耶罗恩，各自都试图用肘挤开对方。有一次，这种用肘推挤的动作终于演变成了一场真正的战斗。（这是我所看到过的雄黑猩猩之间的惟一一场事先不进行武力炫示就进行的战斗。）

一天，在这种一触即炸的极端紧张的气氛中，在一场冲锋式武力炫示的过程中，尼基用手抓起乌特，而后将他举过头顶猛烈地舞动起来，还把他撞到了墙上。当时，所有的雌黑猩猩都跳起来并跑过去救那可怜的小乌特。她们愤怒地尖叫着并很快就成功地将他从尼基的手中解救出来。尽管如此，后来，那小黑猩猩的腿还是瘸了3个星期；幸运的是，他的骨头没有折断。显然，我们有必要做点什么来阻止尼基的鲁莽行为。饲养员和我决定，在剩下的冬季时间里，将尼基从群落中转移出去。等下一个夏天到来时，他会被送回来，到时我们再看事情会怎么发展。这样做所冒的风险应该不如让黑猩猩们在户外圈养区中生活所冒的风险大。我们希望这两件事情中会有其一发生；或者，鲁伊特与耶罗恩在这个过渡时期抓住机会增进与巩固他们之间的老交情，这样，尼基就不会再有机会成功地将他们撬开；或者，在耶罗恩与鲁伊特之间发生一场统治权的争夺战，而这场争战的赢家很有可能会是鲁伊特，这样，我们就会回到与尼基参与权力竞争前完全一样的状态。然而，等尼基回来

大妈妈在尖叫。

以后，在什么情况下，耶罗恩才不会再次与尼基联手呢？

尼基一被从群体中转移走，耶罗恩与鲁伊特之间的关系就彻底改变了。在前一时期，鲁伊特总是在不断努力着要坐在耶罗恩的旁边，甚至正因为这个原因而与尼基发生冲突，然而，现在他却与耶罗恩保持着距离并回避他。他们之间的敌意在日益增长，果然，他们之间的统治权争夺战再度爆发了；这一次，耶罗恩是发起者。然而，他却成了输家，因为除格律勒外，几乎所有雌黑猩猩都支持鲁伊特。在经历了足足2个月的武力威胁与冲突后，耶罗恩放弃了。对于群落内所有的黑猩猩来说，耶罗恩的这一决定无疑是一种巨大解脱；因为当他第一次朝鲁伊特发出轻微的"问候"时，群体中所有的其他成员就吼叫着冲向那两只雄黑猩猩，拥抱并亲吻他们。整个群体触目可见的就是无处不在的拥抱，几乎是一场为了庆祝鲁伊特的首领地位得到认可而举行的欢乐的舞会。群体成员们的这一不同寻常的强烈反应可以这样来解释：这是惟一一次发生在室内的统治秩序重建过程，而室内是没有空间可供对手从紧张状态中逃离出来的。群体中的其他成员似乎都知道，耶罗恩的第一次"问候"象征着整个过程的结束。他们的理解是对的。从那一天——3月16日起，耶罗恩与鲁伊特之间的关系就迅速改善了。那一天，他们互相护理毛皮的时间就比他们以前曾经有过的任何一次的时间都长；又过了一些日子后，随着他们之间多次毛皮护理上的接触，一个真正宽松的时期开始了，在此时期，他们甚至在一起玩耍了。现在，我们急切地想要知道的是，等尼基回来后，这一新的友好关系是否还能继续存在下去。

1978 年 4 月 10 日

尼基被再次引入群体的时候，群体成员都在户外。活动门打开着，然而，尼基却不敢走出来。鲁伊特冲了进去并攻击尼基。尼基尖叫着往外逃并跑进了圈养区，他以最快的速度跑向那些高大的树。除了耶罗恩，整个群体都在驱赶他。当尼基带着因恐惧而露齿似笑的表情坐在一棵大树的顶部时，群体的其他成员都聚集在树下。最早爬上树并对尼基做出友好姿势的黑猩猩是格律勒、乌尔和丹迪。从那时起，格律勒担负起了尼基的保护者的角色。她将那时还在尼基近旁威胁性地咆哮着的克娆姆与吉米赶开了。稍后，普伊斯特对尼基发起攻击，格律勒则站在尼基一边对他们之间的冲突进行了干涉。

当尼基最后下来时，他对鲁伊特害怕极了；当鲁伊特向他靠近时，他几次转身就跑。最后，尼基朝鲁伊特伸出一只手。鲁伊特抓住尼基的手，让他抚弄自己的阴囊（这是雄黑猩猩之间为了打消疑虑、恢复信任而进行的一种常规性活动）。后来，耶罗恩也加入他们之中来，并给了尼基一个吻。那天上午稍晚的时候，鲁伊特与尼基进行了一场长时间的毛皮护理活动。其间，当耶罗恩试图也给尼基护理毛皮时，鲁伊特成功地进行了干涉并阻止了他们之间的接触。那天下午，同样的情况又出现过一次，但这一次鲁伊特没能成功地将他们分开，因为当他靠近他们时，耶罗恩与尼基以一起尖叫与互相拥抱来作回应，而后，他们两个又一起将鲁伊特赶到了一棵树上。就这样，在尼基回来后的第一天，鲁伊特就又得去面对尼基与耶罗恩之间的老联盟了。

接下来的几天，群体里笼罩着一种密谋反叛鲁伊特的气氛。当鲁伊特被雌黑猩猩和孩子们环绕着在草地上坐着的时候，那两个竞争者则在圈养区中与他们相距不远的另一个角落中坐在一起。格律勒是群落中惟一与他们保持频繁接触的，我们注意到，她频频亲吻着尼基。有时，鲁伊特试图阻止她对他的那两个对手的访问——他挡在她的面前或者对她进行威胁性武力炫示，但他从未攻击她。在刚刚过去的那个冬天中，格律勒一直在以一种不会消退的热情表现着她对耶罗恩的支持，因而，现在，她会将她的忠诚扩展到耶罗恩的盟友身上也就不足为奇了。真正使我大为惊奇的是：格律勒这样做居然从未在她与她的朋友大妈妈之间引起任何明显的问题。如果雄黑猩猩之间爆发冲突，那么，大妈妈与其他雌黑猩猩肯定会去攻击尼基并将他赶走，而耶罗恩与格律勒则会去保护他。格律勒这样做时会攻击许多雌黑猩猩，但她却显得像是没有看到大妈妈似的。反过来说，同样如此；大妈妈不会采取任何反格律勒的行动，尽管她的这个朋友的行为会削弱她自己的努力所产生的效果。显然，她们之间的友谊是如此的深厚，以至于她们能忍受这一态度上的重要差别。我从来没有看到过她们之间发生过一次冲突。

鲁伊特差不多总是待在大妈妈附近的某个地方，尼基每天都会靠近他几次。他会颈毛竖立着坐在鲁伊特的对面并挑衅地吼叫着。耶罗恩则会坐在紧靠尼基背部的地方，以嘴巴张到耳朵处的姿态吼叫着。在以这样的方式得到鼓舞后，如果尼基站起身来并开始朝鲁伊特抛沙子、扔棍子，那么，雌黑猩猩们就会发起一场反攻，但鲁伊特却除了在他的支持者们的后面无精打采地跑着外不再有任何更多的行动。他显然没有过高地估计他在与那个三猿组合的斗争中取胜的机会。

不到一个星期，尼基就再次成为了群落中的雄1号。

第三章 不平静的稳定

黑猩猩的社会中并非只有权力更迭。迄今为止，我在这本书中所描绘的图画是相当片面的，因为它只涉及群体生活的严酷无情的机会主义的方面。雄黑猩猩之间的令人印象深刻的冲锋式武力炫示和喧嚣的冲突需要我们立即给予关注。然而，在社会等级关系的稳定期，我们还是有可能去看看黑猩猩们的生活中许许多多的其他事情的，那些事情在重要性上并不亚于这些容易吸引人的成分。例如，社会联系的形成、雌黑猩猩们养育孩子的不同方式、安抚与和解行为、性交与青春期等。每一种成分都代表着一个不同的角度，只有从多种不同角度对群体生活进行研究，我们才能对群体生活作出整体性的把握。从某些角度看，那三只地位最高的雄黑猩猩不过是群体编外或临时成员。而且，很难说某个角度就一定比另一个角度更恰当、更典型或更重要。

在研究动物们的社会行为时，西方的科学家们所热衷于采取的传统视角已导致这方面的研究明显地集中在竞争、领域和统治上。自从挪威人谢尔德鲁普-埃贝于 1922 年发现鸡之间的啄序以来，个体间的社会地位的等级秩序一直被看做社会组织的主要形式。多年来，关于猴与猿的研究一直受控于那种从垂直方向来由高到低地区分和确定各个个体的社会等级的企图。然而，也有一个例外：在灵长目动物学的日本学派中，研究工作者们更感兴趣的是亲属关系和友谊。他们是从水平方向来区分各个个体并以个体在某个社会关系网中所处的位置来表现出

　　人们会对此感到惊奇并纳闷：耶罗恩在着手建立他与尼基之间的联盟之前，是否考虑过他与尼基之间的合作的结果？

群体生活中和平与放松气氛的最好表征就是游戏。图为三只成年雄黑猩猩在一起玩耍。从左到右：尼基、鲁伊特、耶罗恩。

他的身份的。他们对社会关系网中的中心位置与那些以围绕着群体核心以同心圆方式不断扩张的周边位置之间的差别作出了区分。他们的兴趣在于群体其他成员会在何种程度上接受一个个体以及他或她属于哪个血亲群体。宽泛地说，日本人从社会关系网的角度来思考，西方人则寻求从阶梯的角度来描述灵长目动物社会。如果我们将这两种研究方法看做互补的话，那么，稳定的支配与被支配关系为什么只能部分地保证社会系统的和平——这个问题的答案也就变得清晰了。"水平方向的"发展——孩子们正是在其中成长并建立、忽视或破坏自己的社会关系的——不可避免地会影响到暂时固定的"垂直方向的"等级秩序。

　　这就是等级秩序的稳定不能与停滞和单调等同看待的原因之一。第二个原因则是支配与被支配关系必须不断得到证实。一个已经建立的等级秩序并不能靠它自己来维持。耶罗恩—鲁伊特—尼基这一三角关系总是在不断出现的新的不稳定性的边缘摇晃着。"三头政治"中的成员在等级序列上的差异很小，因而，权力平衡随时都可能转变。但这些可能性是不变的：一方面，是对抗还是和解的选择；另一方面，则是联盟的形成与孤立对手的模式的选择。

下面是对尼基接管权力后的 1978 年至 1980 年间局势的一个简要描述。无论相关个体之间的关系看起来怎么紧张，我们始终应该记得，攻击行为的猛烈爆发是比较罕见的。尽管雄黑猩猩间的离间性干涉、威胁性武力炫示和"问候"是常规性的日常事件，但全部日子是在没什么重大对抗更不用说真正战斗的情况下度过的。

分而治之

在尼基重返群体后，一开始，耶罗恩的行为是有点令人费解的。最初，他以极为肯定的方式对尼基的回归作出了反应，但一个星期之内，他的态度就完全变掉了。他以尖叫对尼基冲着他进行的威胁性武力炫示表示抗议。他经常能成功地动员整个群体去反对尼基，并保护任何被尼基攻击或威胁的成员。事实上，耶罗恩那时所做的是挖尼基的权位之墙脚的事，而尼基能保有这一权位在很大程度上靠的是耶罗恩的帮助。

在最初的几个星期中，鲁伊特热情地支持着耶罗恩的行动，但过了那段时间，他很快就失去了兴趣；这并不令人吃惊，因为他从中几乎无利可图。耶罗恩绝对不能容忍不是由他鼓动起来的反尼基行动。在某些罕见的场合中，当鲁伊特主动对尼基进行威胁性武力炫示或发起攻击时，耶罗恩会重新站在尼基一边。耶罗恩的波动性行为排除了鲁伊特再次蹿升到顶尖位置的可能性。不过，鲁伊特不会允许自己长久地被耶罗

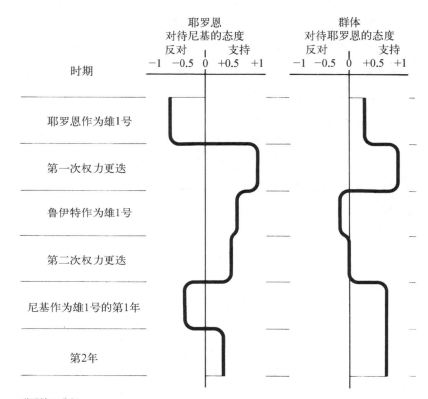

联盟情况分析

　　猿们干涉彼此的冲突的方式表明了联盟的存在。这里给出的例子显示了耶罗恩在有尼基卷入其中的冲突中的态度及雌黑猩猩与孩子们在有耶罗恩卷入其中的冲突中的态度。

　　在第一个例子中，耶罗恩对尼基的态度波动性很大。从领导地位受到威胁并被篡夺起，他就支持尼基。甚至，在尼基与新首领鲁伊特的对抗中，他仍然支持尼基，以便使尼基推翻鲁伊特的企图得以可能。一旦这已成为事实，耶罗恩就开始支持尼基的对手。不过，不久，他就恢复了以前的态度。

　　当耶罗恩的1号地位第一次受到挑战时，整个群体都支持他。第二个例子显示了这种支持是怎样逐渐减少的，直到支持他的干涉被与此一样多的反对他的干涉所平衡。在第二次权力更迭后，耶罗恩又重新得到了雌黑猩猩与孩子们的普遍支持。从此之后，整个群体对待他的态度的肯定成分要比对待（包括那位新首领在内的）另外两只高级别雄黑猩猩的多得多。

恩所利用；他对待耶罗恩的态度慢慢地从积极的支持者转变为中立的同情者。

雌黑猩猩们对于耶罗恩的支持也在逐渐减弱。这几乎肯定是由于尼基实施了分别对待曾经在冲突中反对过他的每一成员的系统性策略的缘故。一旦他在一场冲突结束后已经与耶罗恩达成和解（即使他直到冲突结束半个小时后才做这件事），他就会着手严惩那些曾经站在耶罗恩一边的雌黑猩猩们，即使是那些仅仅站在一定距离外对他吼叫过几声的个体也不会得到宽恕。这一系统的报复策略有时会导致反尼基联盟的重新出现，但从总体上看，它肯定是起到了威慑作用的。随着持中立立场的雌黑猩猩的比例越来越高，耶罗恩发现，在与尼基的对抗中，自己已成了孤家寡人。此外，鲁伊特也开始施加压力：每当另外两个成年雄性之间爆发冲突时，他就会开始威胁性武力炫示。耶罗恩能够让鲁伊特乖乖地待在他应该待的地方的惟一办法，就是保持自己队伍的紧密团结。由于耶罗恩自己是无法与青春年少、充满活力的尼基相对抗的，因此，他面临着或者服从尼基或者毁掉他们之间的联盟的选择，而后一种选择将同样肯定意味着鲁伊特会重新执政。

1978年7月底，耶罗恩终于向尼基表示顺服，从那时起，他与尼基之间就铸就了一种牢固的联系。事实证明：他们之间的联盟是持久的，尽管在后来的岁月中他们之间有时还是会出现一些冲突。在这种情况下，鲁伊特的威胁行为会迫使他们停止冲突并赶紧和解。当鲁伊特的威胁性武力炫示与攻击在群落中引起了混乱时，只有通过另外两只雄黑猩猩的联合行动才能恢复群体的和平与安宁。

在结盟期间，耶罗恩与尼基几乎无论什么事都一起做。他们一道坐、一起走，肩并肩地进行气势汹汹的武力炫示活动，还通过切断鲁伊特与高级别雌黑猩猩及丹迪的联系来将鲁伊特控制在孤立状态。在所有的这类行动中，耶罗恩都在鼓励着尼基并扮演着导师的角色。例如，有一次，三只高级别雄黑猩猩正坐在树荫底下，这时，丹迪走了过来并坐在了鲁伊特旁边。耶罗恩马上意识到了这一点，他冲尼基发出了一连串短促的咕哝声以引起他的注意。尼基抬头张望，而后并朝丹迪与鲁伊特的方向点了点头。接着，尼基跳了起来，他先在耶罗恩的背上短暂地爬骑了一会，然后将丹迪赶走了。这样的事情经常出现，并给了我们这样一个印象：耶罗恩对于潜在的危险的发展态势具有更为敏锐的眼光，而且，他也比他的伙伴更好地认识到：这种发展态势必须被扼杀在萌芽状态。从年龄和经验上看，我们不难理解：耶罗恩的警惕性为何会比尼基的警惕性高。

我们几乎不可避免地会这样想：在耶罗恩与尼基之间的联盟中，耶罗恩是联盟的头脑，尼基则是联盟的强壮的肌肉。耶罗恩给人的印象是只狡猾的狐狸，至于尼基，他最引人注目的特征就是力量和速度。然而，尼基在权力上的成功崛起以及他后来所采用的精妙策略却是与一个没有头脑而肌肉发达的打手形象绝对不相符合的。他对另外两位成年雄性采取的策略是分而治之，这种策略麻痹了他们两个并使得他们都对他有所依赖。如果耶罗恩与鲁伊特之间出现了紧张或者甚至冲突，那么，除非两者之一已经明显占了上风，否则尼基是不会插手的。他的强劲对手鲁伊特所进行的威胁性武力炫示也是在一定程度上对尼基有利的，因为它们会迫使耶罗恩去向尼基寻求保护。有时，尼基似乎故意要突显出耶罗恩对他的依赖性，他的做法是：当耶罗恩跑过来寻求庇护时，他就会走开。这意味着，耶罗恩除了跟着他外别无选择。耶罗恩从尼基那里得到的保护只是最低限度的。只有在鲁伊特的攻击行为没完没了或当他在离耶罗恩很近的地方进行威胁性武力炫示时，他才会进行干涉。尼基的干涉通常所采取的形式就是从鲁伊特身上跨身而过，那时鲁伊特就会停止任何威胁行动。在尼基出面干涉时，耶罗恩常常会鼓起勇气对鲁伊特进行威胁性武力炫示。看来，他像是在努力利用局势的变化。但是，尼基却会为了维护自己的利益而再次停止这样的行动。由此看来，当尼基保护耶罗恩以使其免受他们的共同对手的攻击时，他并不允许他的盟友随后就将事情导向对自己有利的方向。其实，尼基是在两雄相争中玩平衡。

耶罗恩与鲁伊特之间的关系非常紧张。在尼基成为首领后，他们从来没有互相"问候"过。这种缺乏（上下尊卑的）统治秩序的现象也反映在他们之间频繁发生的双向的气势汹汹的武力炫示中。这样的对抗只是在尼基就近在咫尺的时候才会发生（如果尼基不在的话，那么，对于耶罗恩来说，鲁伊特就过于强大了）。他们两个都会将毛发竖起并互相靠近，而没有一个会准备避让对方或俯下身子，以便让对方跨身而过。有时，他们甚至会互相紧紧地抓住对方，但耶罗恩竟会出乎意料地再次从鲁伊特手中挣脱开来，而后尖叫着跑向尼基。当鲁伊特从正前方靠近尼基并"问候"他时，耶罗恩会从背后爬骑到尼基身上，所有这一切都是在一瞬间发生的。这一富有特色的结果——尼基居中、耶罗恩黏附其后——暗示着在未涉及尼基的情况下，那两只较年长的雄黑猩猩不敢擅自就他们之间的关系作出某个决定。推测起来，其原因大概是耶罗恩怕陷入与鲁伊特之间的战斗，而鲁伊特则怕尼基的干涉。尼基起到了一种平衡物的作用。在某些时期，这种局面会一天出现几次。

尼基的策略的最后一个方面是：他不能容忍另外两只较年长的雄黑猩猩互相陪伴，这是很自然的事情。每当他注意到他们俩坐在彼此靠近的地方或他们正在进行某种形式的接触时，他就会在他们面前进行威胁性武力炫示，直到他们分开来。尼基的干涉始终如一，而他的干涉也几乎总是成功的；事实上，他的确禁止了另两只成年雄黑猩猩之间的接触。显然，耶罗恩与鲁伊特知道这一规则，因为只有在非常小心的情况下他们才会去违背它。有一次，我看到他们趁尼基正在睡觉的时候互相护理毛皮。他们不受打扰地持续了足足 5 分钟——那真是一种意外的运

在鲁伊特（左）的压力下，尼基露出露齿似笑的表情并朝他的盟友耶罗恩伸出一只手，而他刚刚与耶罗恩发生过冲突。在另外两只雄黑猩猩发生冲突期间，鲁伊特都会进行令人印象深刻的威胁性武力炫示，而要让鲁伊特停止这种炫示，尼基只有通过弥补他和耶罗恩之间的联盟的裂口才能做到。

气，但在此期间，他们轮流密切注视着尼基的动静；就像爬进农夫的果园中的一帮淘气的小男孩们一样，他们总是会派一个人站岗放哨以察看农夫的动静。尼基一睁开眼，鲁伊特立即就会装作闲逛的样子走开，尽可能地表现出若无其事的样子，而不会回头去朝另外两只雄黑猩猩看上一眼，以免引起尼基的注意。

离间性干涉的作用或许并不仅仅是阻止非己所愿的联盟的形成，还包括测试已然存在的联盟。毕竟，尼基不能用暴力强行将另两只黑猩猩拖开。他会在他们附近对他们进行威胁性武力炫示，然后，等着看他们是否会停止互相接触。有一次，我们曾经观察到他用了整整一个小时的时间来进行威胁性武力炫示，而另外两只雄黑猩猩则完全没有理睬

　　首领不会容忍他的盟友出现在他的对手的近旁：上，尼基（左）毛发竖立着朝鲁伊特与耶罗恩走过去，而后带着威胁的姿态坐在他们对面；中，当尼基开始威胁性武力炫示时，耶罗恩走开了；下，尼基从鲁伊特身上一跨而过，他的离间性干涉取得了成功。

他。只有当耶罗恩更愿意与他保持良好关系而不是跟鲁伊特保持接触时，尼基的禁令才会是有效的。因此，尼基的每一次成功的干涉都醒目地表明了他与耶罗恩之间的这一已然存在的联盟的紧密程度。

在尼基成为首领期间，耶罗恩与鲁伊特之间的接触每天都会出现几次，而这些接触经常是由耶罗恩促成的。他为什么要这样做呢？对他来说，完全避开鲁伊特岂不是更好吗？毕竟，在其他时期，他与鲁伊特之间的关系并不特别的好；而当他们两个之间确有接触时，那干扰他们的黑猩猩肯定是尼基，从来都不会有例外。对此，我的解释是：这是耶罗恩为了使尼基感到他对自己是有所依赖的而采用的方法。耶罗恩打开了一扇通向与尼基的对手保持某种关系的大门，只有当尼基已经感受到那门洞里吹过来的风时，他才会准备去关上它。对于尼基来说，耶罗恩的行为起到了一种提醒作用，那是在告诫他：他的地位的稳定与否取决于也仅仅取决于耶罗恩所选择的行为方式。

集体领导

尼基已为自己赢得了一个稳固的地位。他被耶罗恩、鲁伊特以及其他群体成员所"问候"，这表明他已经成为群落的形式上的领袖。不过，他的领导还存在一些缺陷。他遇到了来自雌黑猩猩们的巨大阻力，她们发现很难把他当做首领来尊重。他不受欢迎，他的权位也不容易被认可。他被群体成员"问候"着、护理着并顺从着，但他们采用的不是与对待两位前首领时那种理所当然的方式。与其说他是受群体成员的尊重，还不如说是他让他们害怕。

当鲁伊特成为首领时，他也成了一个输家的支持者。鲁伊特得到了雌黑猩猩们的支持，她们对他的评价上升到了如此高的程度，以至于她们对他的"问候"比她们先前对耶罗恩的"问候"还要频繁。从早些时候起，我就这样来解释这种现象：一个领袖能够得到群体成员的支持与尊敬是以他对群体秩序的维护为交换条件的。群落中第二次权力更迭后，同样的现象又出现了，不过，这一次与以前的一个巨大差异是，在新领袖身上看不到这些品质；当时，不是身为首领的尼基而是他的盟友耶罗恩在保卫和平并因此而赢得普遍的尊敬。这一新情况比任何其他事情都更令我惊讶。直到那一刻，我才想起来：和平保卫者这一角色和形式上的统治者角色应该是由同一个个体来扮演的。耶罗恩与鲁伊特都曾经是独立的首领，而尼基则与另一个个体共享领导权。

耶罗恩承担了在群落中维持秩序的工作。如果不将他与尼基多次互相干涉对方的冲突这一情况计算在内的话，那么，耶罗恩以输家或弱势者的支持者的姿态出现的干涉占了82%，而尼基则只有22%（测算于1978—1979年）。尽管尼基已经位居雄1号的地位，但他仍然是个赢家或强势者的支持者。起初，在尼基上升到权力顶峰后，耶罗恩的反尼基工作做得如此有效，以至于我们不能说尼基已经真正地将群体置于自己的控制之下。例如，当这个年轻的首领毛发竖起准备干涉两只雌黑猩猩之间的一场冲突或真的实施了干涉时，耶罗恩就会立即朝他冲过去并将他赶开，有时，耶罗恩还会得到那两只雌黑猩猩的帮助。也许正是耶罗恩对尼基维持秩序的努力的抵制，才使得他在1979年仍然阻碍着尼基取得对群落的完全控制。

在尼基身上，我们看到了一个经常遭到雌性成员合伙攻击的首领形象。更令人吃惊的是，耶罗恩竟然鼓励雌黑猩猩们去反抗他的盟友，尽管他现在的鼓励已经不如从前多了，因此，这些事件的持续时间和猛烈程度也都已经下降了。这枚"硬币"的另一面是：对于雌黑猩猩们来说，耶罗恩才是具备最好的政治素质和资历的雄黑猩猩。在鲁伊特担任首领期间，雌黑猩猩们曾转而反对耶罗恩，但在鲁伊特被推翻后，她们又回到了耶罗恩的阵营之中；现在，她们以一种比以往支持鲁伊特更高

　三角关系中的一种典型情形：尼基（中）在给他的盟友护理毛皮；而这时，鲁伊特则在一个相距不远的地方独自坐着。

　鲁伊特无法对抗耶罗恩与尼基的联合行动。图中：在因为给大妈妈护理毛皮而被耶罗恩与尼基驱赶后，鲁伊特无望地朝他们抛着沙子。

的热情来支持耶罗恩，但她们决不支持尼基。

整个群落都尊敬耶罗恩。雌黑猩猩与孩子们"问候"耶罗恩的频率差不多是他们"问候"尼基的频率的3倍，是他们"问候"鲁伊特的频率的5倍。每当耶罗恩与尼基结束一次他们联手的威胁性武力炫示而后肩并肩地走向一群坐着的黑猩猩时，那些低级别成员都赶紧站起来"问候"并亲吻耶罗恩，却似乎无视尼基的存在；那时，这种情况成了常态。然而，正如下一页上的图表所显示的，尼基的得分最后终于上升了。在1980年，在尼基上升到了统治地位整整两年后，他开始受到与耶罗恩同样多的"问候"。

有时，尼基似乎被当作了一尊船头雕像，而富有经验且极为狡猾的耶罗恩则将尼基置于了自己的掌心之中。执政所需的广泛的群众基础并不搁在尼基"脚"下，而是搁在耶罗恩"脚"下。为了向尼基施压，这位年长的雄黑猩猩与雌黑猩猩们结成了一个联盟；为了制约鲁伊特，他又与尼基结成了另一个联盟。由这些情况看来，群体局势似乎在表征着耶罗恩的复辟。鲁伊特曾经剥夺过他那时之前所享有的支持和尊敬，但通过将一个小青年推到前台，耶罗恩看来已经成功地重新获得了这两者。

这一描述并不完全正确。为了"复辟"，耶罗恩已不得不牺牲了很多。确实，尼基并非在所有的时间中都能支配耶罗恩，但他的强大足以迫使耶罗恩去"问候"他。如果耶罗恩拒绝承认尼基的地位——在尼基执政的最初几个月中，耶罗恩的确拒绝承认这一点——那么，这就会引起他们之间的剧烈冲突，并会使联盟面临崩溃的严重危机。尼基依赖于耶罗恩，反之亦然。此外，正如我们在下一章中将要看到的那样，尼基还由于他的等级而名正言顺地享有性特权。尼基占据了最高职位，而耶罗恩则履行着控制群体内局势的职责，同时也享有与此相应的权威。

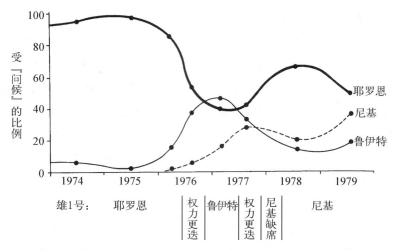

受尊敬情况曲线图

　　以被"问候"的频率来看受尊敬的程度是高级别群体成员的受尊敬程度的测算方式之一。这张根据成千上万次观察数据制作而成的曲线图显示了1974—1979年间雌黑猩猩与孩子们是怎样向三只高级别雄黑猩猩分别给予不同程度的尊敬的。图中,每一时期的"问候"总数表示为100。三只雄黑猩猩之间的互相"问候"没有包括在内,尽管这种"问候"构成了最高等级的标准:雄1号是受另外两只高级别的雄黑猩猩"问候"的雄黑猩猩。

　　在1974年与1975年,耶罗恩获得了几乎100%的"问候"。1976年,在鲁伊特向他发起挑战的那段时间,耶罗恩的得分降了下来。在鲁伊特担任首领期间,耶罗恩不再是被"问候"得最频繁的雄黑猩猩,但在鲁伊特大权旁落的时候,耶罗恩的受尊敬程度又上升了。从鲁伊特的被废黜中获益最大的黑猩猩不是那个新首领尼基,而是作为他的盟友的耶罗恩。在过去的这些年中,指向尼基的"问候"数量在稳步上升,因而,到1980—1981年,他已经达到了雄1号通常应有的受尊敬程度。

　　对尼基来说,担任首领职位可不是一件轻松的事情。与他相比较,由于雌黑猩猩们的合作,耶罗恩与鲁伊特则差不多是全能的。尼基执政与旧秩序之间的重要差别是:尼基是站在那种自己就是野心勃勃者的肩膀之上。随之而来的是在人类的世界中广为人们所熟悉的问题。马基雅弗利曾论述过关于这种类型的领袖的相对的无权威性。在下面这段引自他的《君主论》的引文中,如果我们将"贵族"换成"高等级雄黑猩猩"、将"平民"换成"雌黑猩猩与孩子们",那么,我们就会看到尼基

耶罗恩不仅是被"问候"得最多的一个，也是只需做最少的事就能获得这种"问候"的一个。甚至当他躺着睡觉的时候，雌黑猩猩们也会走到他的身边并自发地表示她们对他的尊敬。图中：乌尔（右）向正在睡觉的耶罗恩表示尊敬。

的"君主职位"与他的两位前任的"君主职位"的确是非常不同的：

一个依靠贵族的帮助获得最高权位的人要比一个依靠平民的帮助成为君主的人更难保持自己的权位，因为他会发现自己置身于一帮自以为与他不相上下的人之中。由于这个原因，他既不能随心所欲地支配他们，也不能按己所愿地管理他们。

第四章　性特权

来动物园参观的游客们有时会看到黑猩猩们正在性交，这时，有些游客的脸上就会显出震惊的样子，而后拖着他们的孩子赶紧走开。另一些人会突然放声大笑，而后说些暗示性的比喻；另外一群人则会带着紧张的情绪静静地看着眼前的景象。没有人会对性冷淡，雌黑猩猩们肿胀的阴唇立即就会引起注意。有些圈外人也许会觉得难以置信：我们（这些动物研究者）对雌黑猩猩们的肿胀的粉红色臀部已经如此的习惯，以至于我们已经一点都不觉得它们是奇形怪状的东西；而对某些雌黑猩猩，例如安波与格律勒，我们甚至觉得她们漂亮且优雅。然而，普通大众会觉得那些东西全都那么令人讨厌，并通常都以为它们是一种慢性创伤。有一次，一个女人来到动物园门口，她来的惟一目的是想要提醒我们：我们动物园中有一只长着奇形怪状的红色脑袋的猿。毫无疑问，那一天，有一只雌黑猩猩头朝地倒立着站了一段时间，她臀部的肿胀处则怡然自得地指向了天空。这是发情期的雌黑猩猩通常都会有的一种正常行为。

长期以来，人们所描绘的猿类的传统形象是一天到晚过着变态、罪恶的性生活的好色的赛特尔①般的形象，他们作为好色之徒的形象可以与海若尼姆斯·博斯②的画作《欢乐园》所描绘的人们相比。人们原先

---

① 赛特尔（Satyr），古希腊与古罗马神话中的以好色著称的半人半羊的森林之神。——译者
② 博斯（Hieronymus Bosch，1450—1516），荷兰画家。——译者

尼基在邀请一只雌黑猩猩与他交配。

给黑猩猩取的拉丁语名称叫"潘·萨提罗斯〔Pan Satyrus〕[1]",其原因别无其他。这种来自丛林的类人猿甚至有强奸人类妇女的名声。电影《金刚》——其中的主角金刚有大猩猩的面貌特征——再次渲染了这一由来已久的主题。这些诱拐和强奸的故事只不过是虚构的恐怖小说,只有在人群中长大的猿才会表现出对人的性兴趣。而在他们自己这一物种的范围内,猿远不是放荡不羁的。他们的性交受制于一些明确规定好的规则。黑猩猩们不知道排外的结偶方式,但他们的性生活也并非完全的杂乱交配。

以下的数据表明,我们的黑猩猩们并非过着一种不受控制的性生活。雌黑猩猩们的月经周期是 35 天,其中,生殖器充分肿胀的时间约 14 天。当雌黑猩猩们处于她们的性生理周期这一富于吸引力的阶段时,

雄黑猩猩们对雌黑猩猩们的生殖器肿胀非常感兴趣。图为鲁伊特在查看大妈妈。

---

① Satyrus,即英语中的"Satyr"。——译者

三只雄黑猩猩跟着一只令他们兴奋的雌黑猩猩，他们小心提防着，以免出现哪怕只是片刻的互相看不到对方的情况。从竖起的毛皮我们可以辨别出作为雄 1 号的尼基，而他身边的正是那只处于生殖器肿胀期的雌黑猩猩。

每只成年雄黑猩猩的平均交配频率是每 5 小时一次。这意味着，在以 8 小时计的一个白天中，一只雌黑猩猩会有 6 次性生活，因为我们阿纳姆黑猩猩群落中有 4 只成年雄黑猩猩。这是成年雌黑猩猩的性交频率，不过，普伊斯特除外（她拒绝性交）；处于青春期的雌黑猩猩们的性交频率则要比成年雌黑猩猩的 1.5 倍还要高。这倒不是因为她们更有吸引力；相反，雄性最感兴趣的是成熟的雌性。但雄性之间为了与成年雌性接触而进行的竞争限制了他们与成年雌性性交的频率。

　　只有在雌黑猩猩处于发情期时，性交才会以如前所述的那种频率出现。一旦生殖器肿胀消退下去，雄黑猩猩们马上就会对雌黑猩猩失去"性趣"。雌黑猩猩中也存在着在某些相当长的时期中性生理周期停止运转或很不规则的现象（7 个半月的怀孕期以及大约 3 年的哺乳期）。在有大量婴儿出生的群体中，比如我们的群落，这意味着成年黑猩猩们有时会连续许多个月完全没有任何性交活动。

说黑猩猩群体的生活是由性支配的是不对的，但这并不意味着性是不重要的。例如，当某只雌黑猩猩处于发情期时，那些成年雄黑猩猩会连续几天拒绝吃东西。在那种日子里，当我于大清早在他们的睡觉处看到他们时，从他们的眼神中，我能读得出他们内心的骚动。他们的脸上有一种当他们得到某种特别好吃的东西时也会有的渴望表情。显然，他们在期待着正在到来的白天的快乐。

求爱与交配

成年黑猩猩之间的求爱几乎全都是由雄性主动的。他会跑到离那处于发情期的雌黑猩猩不远的地方，准确一点说，是相距1—20米的地方。然后，他会挺直胸背、两腿明显张开地坐在地上，这样，他的勃起的阴茎就明显可见了。他的又长又细的粉红色阴茎在全身的黑色毛皮的衬托之下显得十分显眼，因而很容易识别。有时候，他会快速地上下摆动他的阴茎，以便使它更加显而易见。在展示他作为成年雄性的气概的过程中，他会将双手放在身后并着地以便支撑起自己的身体，并使自己的骨盆朝前方挺出。如果那雌黑猩猩背对他坐着，那么，他就会以一连串温柔的咕哝声来引起她的注意。那只耳聋的雌黑猩猩——克娆姆对这种信号没有反应，因而，雄黑猩猩们就会朝她扔小鹅卵石，并在地上或她坐着的树枝上跺脚。然而，雌黑猩猩甚至并不一定会朝那雄黑猩猩看上一眼以示对他的兴趣；但是，如果她的确在朝他看，那么，那雄黑猩猩就会立即抬起他的一只手臂并朝前伸出去以示邀请。如果那雌黑猩猩接受他的邀请，那么，她就会蹲伏在他的手臂下并将她的肿胀的生殖器置于他的两腿之间。雄黑猩猩会抓住雌黑猩猩的肩膀，而后，小心地将

鲁伊特（左）将一只手放在乌尔的背上，此后，她会蹲伏下来以便为性交作好准备。

阴茎插入她的体内。性交本身的持续时间不超过 1/4 分钟，包括几次深入有力的抽插动作。在此期间，雌黑猩猩会以腹支地一动不动地躺着。通常，做爱双方的面部实际上是没有表情的，但年轻的雌黑猩猩们有时会在达到高潮时发出一声音调很高的尖叫。在做爱时，雌黑猩猩转过头来，因而两只黑猩猩面对面的情况是十分罕见的。

　　在安波与乌尔进入青春期前，我们没有在阿纳姆黑猩猩群落中观察到过明显偏离这一标准模式的性交活动。她们所表现出来的对性爱伙伴的偏爱是如此得明显和坚定，以至于有人几乎会称之为昏了头的迷恋；在性欲求上，她们是如此得贪得无厌以至于每每让她们的性伙伴精疲力竭。安波对尼基极为倾心。每当他们在一起互相护理毛皮时，都会紧紧地拥抱在一起；每当他们沉溺于性爱游戏中时，总是与群体离得远远地。他们以这种办法来避免被那些对性着了迷的黑猩猩幼仔或乌尔所打扰。有时，乌尔会用两条腿急匆匆地跑向安波，并挥动着两条手臂对安波进行威吓性的殴打，意在打断她与尼基的交配。另一些时候，当安波正准备将性器官呈示给尼基时，乌尔又会赶紧抢先向尼基呈示自己的性器官。只在与丹迪发展出一种属于她自己的亲密关系后，她对安波与尼基的性干涉才减少下来。这两对年轻的伴侣以他们的抚弄、拥抱和热情证明，黑猩猩们是能够玩性爱游戏的。在那种被称为"性舞蹈"的活动中，这一点表现得最明显不过了。

安波与尼基之间的典型的性爱程序是这样的：安波会用肘轻轻地推尼基几下，而后，他们就会一起去找一个安静的地方。一旦到了那里，尼基就会发出交配邀请，但由于安波蹲伏的时间太短，因而，性交实际上来不及发生。接着，她还会跳离尼基的身旁，在几米之外的地方嘬着

在与尼基的交配达到高潮时，乌尔尖叫起来。

嘴对尼基上下抖动起身子。有时，她会冲向尼基并向他展示自己的性器官，但出乎意料的是，她会再次跳开。然后，她会在他的面前以腿支地向上伸展自己的身体，并反复且长时间地抓搔自己的身体；同时，她会朝前跨出几步。这种靠近、爬骑、移动、中途跳开的模式看起来有点像舞蹈，当尼基也以其间不时插入的一些狂野、大跳的短时飞跑加入这种活动时，这种活动看起来就更像舞蹈了。这种模式的活动可能会被重复达 15 次之多，最后以真正的性交结束。

青春期的黑猩猩们之间的性爱活动以雌性主动为多。她会要她所能得到的一切，并且对雄性的要求是如此之多，以至于他常常不能使她满足。当他已经感到疲劳时，他会将一只手指伸进那只正在向他呈示的雌黑猩猩的阴道里并作短暂停留。此后，他通常都会回避她。安波与乌尔看来都还难以接受她们的性伙伴在性交能力上的极限。如果一只年轻的雌黑猩猩邀请她的伙伴性交但却被拒绝，那么，她很可能会在一会儿后重新回到他的身边。这时，她会掰开他的双腿，然后小心地触摸他的阴茎。有时，它会处于疲软状态，但通常是根本看不到的，因为雄黑猩猩们能将他们的阴茎缩入包皮之内。如果雌性坚持不懈地抚弄雄性的阴茎并重复得过于频繁的话，雄黑猩猩就会厌烦并离开他的性伙伴。这时，雌黑猩猩会绝望地尖叫着扑倒在地并发起脾气来；或者，她会一边悲号与呜咽着一边跟在他后面跑，直到他（在没有勃起的情况下）以在她身上短暂地爬骑一会来使她平静下来。

只是在发情期，安波与乌尔才会分别表现出对于尼基和丹迪的偏爱。因此，他们之间的关系只是出于性的本性而不是真正的结偶现象，因为他们并不排除与其他异性的接触。那两只雄黑猩猩也经常与其他雌黑猩猩性交；同时，那两只年轻的雌黑猩猩接受性伙伴的范围也很大，这个范围延伸到了其他成年雄性甚至未成年雄性。但是，只有对她们所偏爱的性伙伴她们才会采取主动，并且，她们也只为他们而保留她们的

"性舞蹈"。近年来，这种现象已有逐渐下降的趋势。也许，这种形式的性热情只是年轻的黑猩猩们所特有的，进入成年期以后，他们就只会以一种温和的选择倾向来表现性热情了。在年长的黑猩猩中存在着明显的对性伴侣的偏爱现象。这是我们不能将黑猩猩看作完全乱交的动物的原因之一。另一个原因则是，雄性之间的等级秩序对于他们的性活动也起着调节作用。

为我工作的学生之一玛丽艾特·范·德尔·维尔研究了性伙伴偏爱现象和安波于 1977 年初次爆发的性欲旺盛期。玛丽艾特还研究了少年与幼年黑猩猩们的一种奇怪的行为，那就是灵长目动物学文献中称为"性打扰"的行为。当成年黑猩猩们开始一场性爱时，年幼的黑猩猩们会急匆匆地跑过去。他们会跳到那雌黑猩猩的背上，以便能将她的性伙伴推开或能触碰到他；或者，他们会插在那一对黑猩猩的中间扭动着身体。他们还会朝那一对性伙伴扔沙子，或者，不管自己有多大就进行起威胁性武力炫示来。不过，对那对性伙伴公然进行攻击的情况是极端少见的。我曾经看到过的最坏的事例是：当尼基爬骑在丰士的母亲弗朗耶的背上时，丰士咬了尼基的睾丸一口。这一举动使得那场性交突然中断了。不过，总的来说，这种干涉并不是敌对性的，有时，它们看起来绝对是友好的。然而，它们又明显是破坏性的。如果我们考虑到在所有正在交配的性伙伴中有一半遭到了孩子们的骚扰，而在孩子们进行的所有干涉中又足有 1/4 导致了性交被打断，那么，在向某只处于发情期的雌黑猩猩求欢前，当事的成年雄黑猩猩经常半开玩笑式地将孩子们赶开——这一点也就不足为奇了。但孩子们却像令人讨厌的苍蝇一样，他们会一而再、再而三地回来继续骚扰。那些小的们看起来就像铁块遇到磁石一样被他们的长辈之间的性接触吸引着。

这事为什么会是这样的呢？我们很容易给它一个心理学解释，孩子们不过是嫉妒而已。这种解释无论听起来多么有说服力，但事实上还是

安波在尼基面前表演性舞蹈，最后，这一舞蹈以性交而告终。

遗漏了某些东西。我不否认他们是嫉妒的，因为，事实上黑猩猩们的确像是非常嫉妒的动物，但在这种性打扰现象的背后肯定是存在着某种目的的，否则，他们的社会生活就会不必要地紧张并充满冲突。自从达尔文以来，生物学家们一直都相信生物结构与行为的功能性。动物的解剖结构、生理系统、外貌与行为从来都不会在没有理由的情况下演化。如果一种特性的负面作用超过它的正面作用，这种特性就不会代代相传。那么，性打扰的好处在哪里呢？有一种理论认为，那是因为黑猩猩幼仔试图阻止他们的母亲过早地再次怀孕，以便推迟他们的下一个弟妹的到来。如果他们成功了，他们就能更长久地从他们的母亲的奶水、携带和照料中获益，孩子们并不知道他们为什么要这么做。有一种理论假定：性打扰是旨在延长婴幼儿的吮奶期，从而增加其存活机会的先天反应。

当丰士用他的牙齿咬尼基的阴囊时，我当时以为尼基会愤怒地攻击他，但他并没有这么做。他只是揉了揉痛处而后看着丰士，但并没有惩罚他。黑猩猩们对于幼仔有着一种令人难以置信的宽容性。这种现象的部分原因或许是因为对他们的攻击往往会自食其果。一旦那成年雄黑猩猩威胁打扰他与他的性伙伴的婴幼儿们，那作为他的性伙伴的雌黑猩猩就会转而去攻击他并以尖叫来表示抗议，即使她当时正处于性交的半途。在经历过一次这样的事件后，毫无疑问，在一段时间内，他将不得不放弃她能给他的"性"福。

出于同样的原因，雌黑猩猩对于孩子的保护性反应会随着孩子的长大而减少，因而，雄黑猩猩对于孩子们的宽容性也会随之而减少。这一过程开始于孩子们长到 4 岁的时候。在那个年龄之前，成年雄黑猩猩会胳肢孩子们并半开玩笑地将他们赶开；对于年龄较大的孩子，成年雄黑猩猩们会采取更威严的态度；他们会对少年黑猩猩们发出威胁性的咆哮，然后，期待着他们能待在离那有魅力的雌黑猩猩较远的地方，从而

弗朗耶与尼基交配时，她的儿子丰士跑了过来并拥抱他们，而且还给了尼基一个吻。乌特（左）在他们周围兴奋地跳跃着与吼叫着。

不再受他们的打扰。如果他们没有立即服从的话，他们就会受到一顿教训——那成年雄黑猩猩会在他们的手上或脚上咬上一口，有时甚至会让他们出血。惩罚的严重性及其所用到的战斗技法（那是典型的雄性战斗技法）暗示着那些少年已不再只是被看做"讨厌的东西"，而是被看做了潜在的竞争对手。我们的群落中的所有年纪较大的孩子都是雄性并都已经进入性觉醒期，尽管他们还没有达到性成熟的程度。只有在涉及性竞争的情况下，他们才会被如此粗暴地对待。正是以这种方式，他们在生命的早期就学会了成年雄性的世界中的严酷的规则。显然，那些最年长的孩子们都已经从成年雄性们给他们上的"课"中得到教训，从而不敢在缺乏应有的小心的情况下接近那些处于发情期的雌黑猩猩们。

　　雄黑猩猩们在少儿时代就会性觉醒。安波在与乌特"性交"，丰士（左）以虚张声势的威胁来对此作出反应。在成年黑猩猩中，这会导致一场真正的冲突；不过，这里，它还部分地只是一场游戏。

　　当年幼的雄黑猩猩们在几年之内进入青春期后，我们就会面临近亲繁殖问题。这时，儿子们会有能力与自己的母亲性交，随后，当雌黑猩猩们性成熟后，兄弟与姐妹、父亲与女儿之间也可能会出现近亲繁殖问题。对此我们还不知道我们该采取些什么措施。但实际上，这个问题的后果也许并不十分严重。有强烈的迹象表明，黑猩猩们会自愿或主动地避免乱伦。有些人类学家将人类的乱伦禁忌看成纯粹是文化的产物，甚至看成是超乎动物行为之上的一个"最重要的提升"，但生物学家们却倾向于认为它是一种已经渗透到所有文化中去了的自然规律。1980 年，安尼·蒲赛发表了关于贡贝河的野生黑猩猩们的一些重要资料。这些资料显示：在那里，兄弟姐妹之间的性活动是很少的，母子之间的性交则从来没有被观察到过。年轻的雌黑猩猩们在自己所在的群体之外寻找她们所不熟悉的雄黑猩猩并被他们强烈地吸引着。交配后，她们或者带着身孕回到自己的群体中，或者就待在那个新群体中。在接受自己所在的群体内的成员为性伙伴上，雌黑猩猩们是谨慎的。安尼·蒲赛写道："当有她们在其中出生的群体之中的年龄大到足以做她们的父亲的雄黑猩猩试图与她们交欢时，那四只雌黑猩猩常常会尖叫着撤退；而在同一时期，对于较年轻的雄黑猩猩的求爱，她们则会以呈示生殖器并与他们性交来欣然作出回应。"那些年轻的雌黑猩猩不可能知道谁是她们的父亲，但通过拒绝

　　泰山已经到了不得不学习那经历一番艰苦才能学会的规矩——谁有性特权、谁没有性特权——的年龄了。这里，尼基用牙齿咬住了他的一只脚，还抓起他一圈圈地挥舞着。

与既老又熟悉的雄黑猩猩们性交，她们避免了被可能的父亲受精。

在我们的群体中，安波与乌尔对于那两只最年轻的成年雄黑猩猩的吸引力也符合这一模式，但乱伦避免机制的真正测试将是数年之后的事情。在那个时候，少年雄黑猩猩们与允许他们与之"性交"的每一只雌黑猩猩甚至自己的母亲"性交"。然而，身为母亲之一的特普尔却不容忍这样的事。特普尔处于发情期的时候会拒绝与她的儿子乌特和泰山"性交"。每当他们勃起时，她就会将他们推开，但她却允许其他的孩子尝试与她"性交"。我很想弄明白，不同的母亲在养育幼子方面的差异是否也会在后来的母子关系中得到反映。

权位欲望与父亲身份

动物的世界中充满了雄性之间的性竞争。即使是雄夜莺那听起来甜美的歌声也是这种痛苦的斗争的一个实例。他在用歌声警告着其他雄夜莺不要侵入他的领地并招引雌夜莺们。设立一块块领地是划分生殖权的一种方式；设立一层层等级序列则是划分生殖权的另一种方式。权力与性之间肯定是存在着某种联系的；如果不具备关于性规则和照料后代的方式的知识，任何一种社会组织都不可能被正确地理解。从本质上看，即使作为我们社会的众所周知的基石的家庭也不过是一个性与繁殖活动的单位。西格蒙德·弗洛伊德在推测家庭这一社会单位的历史时曾经设想过一个"最初的游牧部落"，在这个部落中，我们的男性祖先们都听命于一位大首领，而他则警惕地为自己保卫着他占为己有的群落内所有的性权利和性特权。这位嫉妒却又具有超凡魅力的"父亲"最终被自己的儿子们杀死并被剁成了碎块。后来，群落中逐渐出现了一种生活的新形式。还是有一个男人居于顶端，但这个新群落只是以前的群落的一个影子；在这个新群落中，"有许多的父亲，并且，每个父亲都被其他父亲的权利所限制"。按照弗洛伊德的看法，我们人类从来都没能够完全抹掉这一全能的"父亲"形象，并且，他现在仍然活在我们的禁忌与宗教中。

在观察阿纳姆的黑猩猩们的时候，我有时会觉得我正在研究弗洛伊德所说的那个最初的游牧部落；似乎有一台时间机器将我带回到了史前时代，因而，我得以能够观察我们祖先的乡村生活。他们仍然采用着初夜权的制度[①]——一种已经被人们忘却了的西方文化的产物。耶罗恩身为雄1号时，群体内大约3/4的性交都是由他独享的。如果不将与年轻的雌黑猩猩们（由她们所引起的性竞争较少）的性交计算在内的话，那么，他的性交份额就几乎占了100%。性交是他在群落中的垄断权。直到鲁伊特和尼基起来反叛他时，这种局面才算终结。耶罗恩并没有被剁成碎块，但他再也没有能够重新获得任何与他以前所享有的性活动份额相像的东西了。而且，此后，再也没有一只雄黑猩猩强大到像全盛期的耶罗恩一样足以完全独占所有处于发情期的雌黑猩猩了。另一方面，在尼基执政时期，性交仍然不是由群体中的4只雄黑猩猩平均分享的。在耶罗恩刚倒台的那个时期，首先是鲁伊特享有最多的性交。在鲁伊特被赶下台后，耶罗恩所享有的性交份额才开始上升并在尼基执政的第一年期间达到了一个新的高峰；那时，耶罗恩的性交份额比他的盟友尼基还要高。次年，耶罗恩不得不重新后退了一步；那时，尼基所享有的性交份额超过了50%。在这些年中，除了发生第二次权力更迭的那几个局势混乱的月份外，丹迪所享有的份额始终在25%以下。

一般说来，雄性的等级与他的性交频率之间是存在着一定联系的，尽管它绝不是那种刚性规律，而只是一种可能有例外的常规。造成这种

---

① 一种不成文的法律，允许地主与他的农奴的新婚妻子上床并与她共度初夜。有时，这种权利的体现只是象征性的，地主会将一条腿放到新娘的床上或爬到床上并从新娘身上爬过去。

现象的原因，不是高等级的雄性更强壮或更有雄性魅力，而是他们的令人难以置信的不宽容及相应行为——将低等级的竞争对手们从处于发情期的雌黑猩猩们身边赶走。如果他们抓住了另一只正在性交的雄黑猩猩，那么，他们就会以对他或他的性伙伴进行攻击的方式来进行干涉。雌黑猩猩们也清楚地知道这种风险。有时，在白天，一只雌黑猩猩会始终如一地拒绝某些雄黑猩猩的性交邀请，好像她对他们根本就不感兴趣似的。然而，一到了晚上，当群体进入室内时，不受干扰地性交的机会就突然降临了，结果表明：那雌黑猩猩实际上是非常乐意与她白天冷淡待之的雄黑猩猩性交的。我们甚至看到过，有些雌黑猩猩冲向那些雄黑猩猩所在的笼子，并通过栏杆之间的空隙与那些雄黑猩猩快速性交。当然，这样的事情只有在雄1号还在室外或被隔离在通道系统的另一部分时才会发生。如果雄1号碰巧发现了里面正在发生什么，他立即就会以大声的吼叫和气势汹汹的威胁来作出反应，但他没有能力进行实际干预。

这种不宽容的原因是什么呢？雄黑猩猩们为什么不能做到互不干涉呢？对于其中的原因，嫉妒同样只能解释一半，而这种现象的功能仍然是个问题。如果相关的紧张与冒险不具有某种正面功能的话，那么，嫉妒早就从地球上消失了。从生物学的角度，雄性之间的性竞争可以解释如下：由于一只雌性只能被一只雄性受精，因而，如果某只雄性能设法使其他雄性不能接近她，那么，那只雄性就可增加他将是她的孩子的父亲的确定性。由此，嫉妒心强的雄性留下后代的概率就会比那些宽容的雄性大。如果嫉妒是遗传的——那正是这一理论所假设的——那么，根据对嫉妒与生殖之间的关系的上述生物学解释，就会有越来越多具有这一特征的孩子被生下来，而等他们长大后，他们又会像其父辈一样试图把同性的其他成员排除在生殖行为之外。

雄性们在为了争夺尽可能多地使雌性受精的权利而战，然而，雌性的情况却完全不同。无论她与1个或100个雄性性交，她将生下的孩子

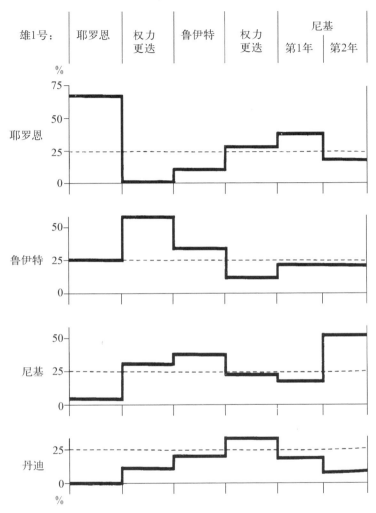

性交活动图表

如果群体中的性交总数在4只成年雄黑猩猩之间平均分配的话，那么，他们就应该各占25％。但实际上，在1974—1979年期间，却曾经出现过三个某一雄性所享有的性交数量超过总量的一半的时期：首先是耶罗恩，然后是争夺权力时期的鲁伊特，再后来是执政第二年的尼基。

的数量都不会改变。因而，与雄性相比较，雌性之间的性嫉妒是不怎么明显的。雌性之间的性竞争几乎全都出现在雌雄之间结成对偶关系的物种之中，例如许多种的鸟和少数几种哺乳动物。而在这些情况下，雌性试图得到或保卫的其实是与某一雄性之间的长期关系。我们人类自己这个物种就是一个很好的例子，戴维德·巴斯的研究表明：男人一想到自己的妻子或女友与别的男人发生性行为时就会变得极为烦乱与沮丧，而女人最不喜欢的则是她们的丈夫或男友真的爱上了别的女人而不管他们是否发生性行为。因为女人从性以外的社会关系角度看待这些事情，所以，她们更关心的是她们的配偶与其他女人之间的可能的感情关系。

雄性的兴趣集中在性与权位上。在等级制社会中，他们谋求权位的动力来自雄性的等级地位决定着他们是否具有性交优先权这一事实。如果为获得一个更高等级而付出的努力能为一个雄性换来更多的后代，那么，就会有更多具有这种特定倾向的儿子们来到这个世界上。这一理论对于雄性的权欲的起源的解释简单而合乎逻辑，因而，很有说服力。然而，要证明它，我们就得去做大量的研究工作了。例如，搞清楚哪些性交会导致受精，一个雄性在他从幼年到死亡的生命历程中曾经在社会等级系统中占据过哪些职位等，这些都是很重要的。近年来，针对狒狒、短尾猕猴和野生黑猩猩进行的关于社会地位与性活动之间的关系的研究一直是动物行为学界着重深入研究的一个课题。研究表明：尽管并不是无懈可击，但支持这一理论的证据还是相当强的。例如，仅仅生殖行为本身实际上只完成了传宗接代任务的一半；孩子们出生后，还要得到保护才能顺利成为具有传宗接代功能的成年个体。而居于统治地位的雄性显然能够更好地给那位母亲和她的孩子提供保护，我们很难说这是对旧理论的一个替换还是对它的一种扩展，但下面关于阿纳姆黑猩猩群落中的雄黑猩猩们对待婴儿们的态度的例子是可供我们作进一步思考的。

例1

一天，不到1个月大的杰基在他的母亲不愿意的情况下被他的"阿姨"克娆姆抱走了。他母亲吉米马上哀嚎与呜咽起来，但克娆姆拒绝将杰基还给她。耶罗恩与鲁伊特看到了正在发生的事情，他们走近这两只雌黑猩猩；而后，他们以威胁的姿态站在克娆姆的面前并对她进行威胁性武力炫示。于是，克娆姆急忙将杰基还给了他的母亲。

例2

在与此相似的另一事件中，泰山被他的"阿姨"普伊斯特诱拐了。那时，大约1岁大的泰山正骑在普伊斯特的背上。突然，普伊斯特不顾那依附在她身上的婴儿死活，爬上了一棵树。当普伊斯特高居树上时，泰山惊慌起来并开始尖叫；泰山的哭声惊动了他的母亲特普尔，她冲了过来。特普尔自己从来不曾经历过如此蛮干和冒险的事情，她一下子变得极具攻击性。普伊斯特从树上爬下来后，特普尔安全地要回了泰山。接着，特普尔马上转向了那只体型比她大得多而且地位也比她高的雌黑猩猩，并与她打了起来。正在这时，耶罗恩跑了过来，他用两条手臂猛地将普伊斯特拦腰抱住并将她抛出了好几米远。

这一特殊的干涉事件是值得注意的，因为在其他情况下，耶罗恩的干涉都是支持普伊斯特的。然而，这一次，他却对那位母亲的抗议表示了赞同并放弃了他通常的偏爱。

例3

在开始格律勒与茹丝耶之间的收养实验前，我们决定从我们的观察塔的一个窗口的后面将茹丝耶展示给群体成员们看。在此之前，茹丝耶已经从群体中消失了6个星期。当茹丝耶出现在那个视窗时，整个群体突然爆发出大声的吼叫并全都聚集到了那个窗下。最猛烈的反应来自耶罗恩，而他对于我们所做的任何事情通常都是不会有任何反应的。当时，他情绪激愤地上下跳跃着并朝我们抛沙子和棍子。连续3个星期，

鲁伊特（右）正坐在一只有性魅力的雌黑猩猩（左）旁边，但由于那时尼基已经将他赶走并占据了他的职位，所以，他只好故意做出一副饶有兴趣地检查自己的指甲的样子。

他都对我们的饲养员莫妮卡表现得相当富于攻击性，无论她是否带着茹丝耶。耶罗恩是群体中表现出如此举动的惟一成员。而一旦我们把那孩子递给格律勒，他的态度就立即重新变得友好了。由此，我们得出结论：耶罗恩反对由我们人类来饲养一只黑猩猩幼仔。

例 4

几个月后的一个早晨，我们将格律勒与她的养女引入群体；在黑猩猩们被允许从他们的睡觉处出来之前，我们所做的第一件事就是让她从所有的笼子旁走过以观测每个群体成员的反应。结果，茹丝耶的生母克娆姆与尼基都以攻击姿态作出了反应。解决克娆姆的问题，我们用的是让大妈妈进入她的笼子并在那里陪伴她的办法；大妈妈的到来立即就产生了一种镇静效果。对付尼基则要困难一些。首先，我们将除尼基外的所有群体成员都放了出去。这一作为引子的步骤没有碰上任何障碍。

尼基被放出去后不久，耶罗恩与鲁伊特就以互相用手臂搭肩膀的方式联手组成了一道挡在尼基与格律勒之间的屏障。当时身为雄 1 号的尼基就这样被那两只较年长的雄黑猩猩组成的临时联盟赶走了。后来，尼基先是尖叫着跑向大妈妈，而后拥抱了格律勒并亲吻了茹丝耶。当时，这只雄黑猩猩也许会对那婴儿造成致命的威胁——这种可能性是相当大的，因为，正如 20 年后的现在我们所了解到的，黑猩猩中存在着杀婴现象——成年雄黑猩猩有时会杀死新生婴儿。[①]

这些例子说明：雄黑猩猩非常重视婴儿的安全。这种护幼的态度在那两只较年长的雄黑猩猩身上要比那两只较年轻的雄黑猩猩身上表现得更明显。其中的原因很可能还是因为较年长的雄性已有较多的后代。虽然他们不知道哪些是他们自己的孩子，但他们的护幼行为增加了所有可能的后代的生存机会。

至此，还有一个问题没有解决。如果一定要我说群体内哪只雄黑猩猩的权位欲和嫉妒心最强，那么，我会说：是耶罗恩。至于说到护幼之心哪个最强，我会在耶罗恩与鲁伊特之间犹豫一番，但犹豫过后，我还

---

① 第一个观察到黑猩猩中的杀婴迹象的人是铃木晃（参见铃木晃［1971］的文献），他曾经在布东勾森林中看到一只体型庞大的成年雄黑猩猩手上拿着一个已被部分吃掉的黑猩猩的死婴。那具小尸体在几只雄黑猩猩中传递了一圈。后来，野生黑猩猩中的更多杀婴迹象又相继被发现（参见罗素·塔特尔在其 1986 年的论著中第 122—124 页上的有关述评），其中，发生在马哈尔山上的一次此类事件实际上已被拍成影片。至今，人们已经知道，除黑猩猩外，包括从狮子到牧犬、从家鼠到叶猴的一个相当大的物种范围内也存在这种行为。关于杀婴现象，有人曾提出过这样的假设：成年雄性的杀婴行为可以使他们减少让雌性受精的等待时间，他们消灭竞争对手的后代是为了雌性重新开始性生理周期。如果杀婴的雄性的遗传因子比不杀婴的雄性传播得更快，那么，这一特性就会受自然选择的支持（参见：莎拉·布莱福·哈代［1979］的文献）。根据该理论，雄性应该以自己不是其父的婴儿们为杀害目标，受害者的确通常都是陌生雌性的后代。

尼基曾经想要杀死茹丝耶吗？由于曾经有一段时间茹丝耶是由人来照料的，所以，在尼基眼里，也许她看起来就像是来自群体之外的。但克晓姆则似乎理解事情并不是这么回事，或许当时尼基没有搞清楚那个被抱走的宝宝与那个回来的宝宝之间的联系。如果事情的缘由是这样，那么，尼基当时的反应也许就是一只雄黑猩猩对一个不像是他自己的婴儿的一种自然反应，幸好，当时耶罗恩与鲁伊特在场并阻止了他。

是会说：是耶罗恩。这些特征都被认为是与成功的繁殖有关的。因此，当我们知道尽管他的性交（经常是有射精的性交）频率很高，但他的身体缺陷已不允许他使任何一只雌性受精，耶罗恩在上述两方面都胜出就更值得我们注意。因为他的一切努力其实都是徒劳的。由此，初看起来，他的情况似乎不支持这个理论。

实际情况并非如此，因为耶罗恩并不知道父亲这一角色的最终目标。他不知道雄性是具有生殖能力的，因为动物们不知道性交与生殖之间的联系。他们只是为了快乐而性交，而他们的权位欲、嫉妒心和护犊之心也都是在不知道它们对后代有什么益处的情况下而具有的。尽管他们的行为的功能——这就是它们得以演化出来并传承下去的原因——是有助于他们的后代的，但他们自己只能认识到某些比较直接的次级目标：一个高的社会地位，比其他群体成员有更多的性交以及一个对于群落中所有的孩子来说都是安全的环境。通过这些次级目标的中介，他们无意识地服务于所有生命都共同具有的主要目的。即使一只像耶罗恩这样没有生殖能力的雄黑猩猩也会这样做——这一事实说明：动物的繁殖欲望存在与起作用的方式是盲目的。

性交权的协商

阿纳姆黑猩猩群落中的那些年龄最大的孩子都是在耶罗恩全盛期出生的，这意味着他身为首领时没能实施一种完全的性垄断。低等级的群落成员们总是在想方设法寻找性交机会，尽管这种努力常常是秘密进行的。玛丽艾特·范·德尔·维尔通过记录哪一只非当事的雄黑猩猩能看到这一幕的方式研究过群落成员的性交的公开性问题。她发现：尼基与丹迪是在乎他们的性交活动是否会被其他成员看到的，而耶罗恩与鲁伊特则不怎么顾虑。我们事先料想，鲁伊特应该是不会顾虑的，因为那时他是雄1号；但我们没有想到耶罗恩也无所顾忌。我从来没有看到过耶罗恩跟哪只雌黑猩猩"约会"：他要么公开性交要么根本就不性交。也许，这与那些雌黑猩猩也有一点关系。安排一次避开其他成员的性交是需要当事双方来共同谋划的。也许，那些接受耶罗恩的直接邀请的雌黑猩猩并没有为性接触而走上一段长路的准备，而对耶罗恩来说，这也是他所不乐意的。

雌黑猩猩们有选择是否性交的自由。雄黑猩猩有时会以暴力胁迫雌黑猩猩们，但在阿纳姆，我们只看到过一例具有强迫性质的性交（参见本书第66页上的注①）。在一般情况下，如果雌黑猩猩不想性交的话，那么，这也就是事情的结果了。如果雄黑猩猩还是一再坚持要做的话，他就会冒被他所接洽的那只雌黑猩猩及其他雌黑猩猩赶走的危险。在这种情况下，在冲突中通常都是站在雄黑猩猩一边的普伊斯特也总是支持那些处于发情期的雌黑猩猩们。因此，雄黑猩猩之间存在的地位高低与性交权之间的关系还只是问题的一半。影响性关系的另一个重要因素就是雌黑猩猩个体自己的偏爱，而这种偏爱并不总是与雄黑猩猩的社会地位相一致的。所以，在很大程度上，是雌黑猩猩们在图谋逃避那些存在于雄黑猩猩们之间的规则。

从某些接触的私密性及告密现象，我们都可以清楚地看出，群体中的每一个个体显然都是知道这些社会规则的。有两个例子可以说明这一点。第一个例子是：有一次，丹迪看到鲁伊特正在向施嫔求爱，而这时，身为首领的耶罗恩坐在很远的地方，因而他是看不到那儿发生了什么事情的。然而，丹迪却兴奋地大声叫着跑向耶罗恩并引起他的注意。而后，他又领着耶罗恩来到了那两只黑猩猩所在的地方，而那时，他们正处在那场性交的中途。

第二个例子发生在鲁伊特执政时期。有一次，当鲁伊特转过身去的时候，耶罗恩与尼基两个都抓住这个机会邀请格律勒性交。格律勒没理

弗朗耶（左）在安静地等候着她身后不远处的3只雄黑猩猩之间关于性交权的"协商"结果。

睐耶罗恩，她向尼基展示了自己的性器官。见此，耶罗恩马上朝鲁伊特吼叫起来，鲁伊特随即朝四周张望。尼基先是像生了根似的待在原地一动不动，而后，竭力装作若无其事的样子走开了。

低级别的雄黑猩猩们除了为"偷腥"而采用各种隐秘的方式外，在某些情况下，他们也能利用地位比他们高的雄黑猩猩之间的争斗或通过与他们"交易"和"协商"来取得公开性交的机会。

尼基第一次执政期间，也即1978年的夏天，群体中性交最频繁的雄黑猩猩是耶罗恩。他通过使他的两个对手即鲁伊特与尼基互相争斗的方式来使他们都不能接近处于发情期的雌黑猩猩们。每当尼基靠近那只雌黑猩猩或试图胁迫耶罗恩离开时，这位前首领就会尖叫着请求鲁伊特来帮他对付尼基。鲁伊特当然很乐意做拆任何一个自己的竞争对手的台的事。倒过来，每当鲁伊特冒险接近那只雌黑猩猩时，耶罗恩又会成功地请出尼基来对付鲁伊特。尼基与鲁伊特之间的嫉妒成了耶罗恩手中的一个得心应手的有力工具。（这种局面进一步证实了我早先所作的关于等级或形式上的地位与权力或社会影响力的区分的重要性。从表面上看，耶罗恩不能支配另外两只雄黑猩猩中的任何一只，但是，至少在有关性交权的问题上，他所产生的实际影响力是相当明显的。）

那年的 9 月 5 日，情况突然变了。那一天，我们看到尼基与鲁伊特不时地公开与雌黑猩猩们性交，而坐在一定距离之外的耶罗恩却没有出面干涉。这一突然发生的转变令人惊讶。看来，鲁伊特与尼基之间很可能成了一项互不干涉"条约"并据此各自"采取"了放弃帮助耶罗恩来反对他们中的另一方的做法。黑猩猩们有着交互报答的社会倾向，因此，那时尼基与鲁伊特肯定都已经各自打定主意停止那种对耶罗恩有利的互相干涉并以此报答对方的中立。这样一种无言的过程其结果无异于一场有声的交易。

这一反对耶罗恩的"条约"标志着鲁伊特与尼基之间以前的公开的联盟又重新出现了。如果在某一段时间内群体中没有雌黑猩猩处于发情

尼基看着鲁伊特接近一只雌黑猩猩。

期，那么，这三只成年雄黑猩猩之间当然不会有什么问题；在这样的时候，鲁伊特是极为恭顺的，他不会去挡正统治着群落的尼基—耶罗恩联盟的道。但在有性竞争的那些时期，鲁伊特则会经历一种令人吃惊的变化。这时，他会到处走来走去，并边走边充满自信地进行着威胁性武力炫示；而他对尼基的"问候"也会变得很少。有时，他们两个甚至会以气势汹汹的威胁将耶罗恩从某只有性魅力的雌黑猩猩身边赶开。这会导致与过去曾经发生过的很相似的冲突，即：鲁伊特与尼基联手反对耶罗恩和他的雌性支持者。在此，我们看到，在新的社会结构中，那种旧的联盟关系仍然以这样的方式保留着。

这一切意味着，我们的雄1号是各自具有不同功能的两个联盟中的一方。一方面，尼基利用耶罗恩的支持来统治鲁伊特，另一方面，他又利用鲁伊特的支持或至少他的中立来阻止耶罗恩性交。而耶罗恩通过帮助尼基获得群落领导权，又在很大程度上重新获得了他曾经输给鲁伊特的从前的威望。鲁伊特则通过收回对耶罗恩的支持，最终巩固了尼基在执政联盟中的地位。反过来说，尼基对耶罗恩的保护和对鲁伊特的反对只是最低限度的，尤其是在群落中存在性竞争的那些时期。由此，鲁伊特在阿纳姆黑猩猩群落中所产生的社会影响是随着雌黑猩猩们的生殖器肿胀的消长而消长的。

在此，我们发现了一个基于权力平衡的系统的完美事例：一方高出另一方的优势依赖于第三方的支持，因而，每一方都影响着另外两方的地位。那时，尼基占据了关键职位，这意味着另外两只雄黑猩猩对他的权位都有所贡献，同时也分享着他的权位。尽管它被不均等地分割了，但它仍然不是全都掌握在一个个体手中。的确，在具有如此显著的结盟倾向的动物中，它还能是其他样子吗？马丁·威特在讨论国际政治问题时曾说："与权力平衡有关的选项只有两个：要么是普遍的混乱，要么是普遍的管控。"然而，在黑猩猩的政治生活中，我却不能想象会出现这两个情况中的任何一种。

到 1980 年，尼基的性交份额就大约是另外两只雄黑猩猩的性交份额之和的两倍了。在这一时期，他会以对"犯错者"进行威胁性武力炫示来打断另外两只雄黑猩猩的性交，而且常常会有第三方站在他这一边。不过，他自己向具有性魅力的雌黑猩猩求爱也并不总是不受挑战的。有时，另外两只雄黑猩猩会互相靠近并对他吼叫；由此可见，尼基受干涉的威胁也总是存在的。

在两性关系上宽容与否不仅受权力平衡与否的影响，也受当事者的自我镇定的努力及具有抚慰效果的毛皮护理活动的影响。下面是一个相关的典型场景：那时，弗朗耶正处于发情期，三只雄黑猩猩坐在离她 10 米远的地方，鲁伊特迈着悠闲的步子走向弗朗耶，而后查看并嗅闻了她的肿胀处。接着，尼基毛皮竖立着走向鲁伊特，并带着威胁的姿态在他身边坐下来。见此，鲁伊特离开了那只雌黑猩猩，转而给尼基护理起毛皮来。过了一会，他又邀请弗朗耶性交。弗朗耶犹豫着，因为这时尼基又将他的毛皮竖了起来。鲁伊特朝尼基转过身去，脸上带着一个大大的露齿似笑的表情，他朝尼基伸出一只手。而后，他又回到尼基身边并再次给他护理起毛皮来。当他第二次邀请弗朗耶时，他们两个已经被允许可以不受打扰地交配了。

这并不是一个例外的事件，而是通常发生的同类事件的一个简略缩影。罗布·亨德里克斯曾经用跑表计量过雄黑猩猩们用在互相护理毛皮活动上的时间，结果发现：每当群体中有雌黑猩猩处于发情期时，雄黑猩猩们用于互相护理毛皮的时间就会是平时的 9 倍。这种毛皮护理的功能是什么？也许，它的平静效果减轻了护理伙伴的对抗情绪，因而，他最终容忍了他的对手与雌性的性接触。这也可以解释：当他的护理伙伴朝那雌黑猩猩靠近时，那雄黑猩猩总是犹豫不决地朝他们看着；这同样可以解释：为什么有时他们会朝他伸出一只手，这是一种乞讨的手势。

例如，在那样的时刻，除了乞求尼基同意他与那只雌黑猩猩的性接触外，鲁伊特还能做什么呢？①

如果毛皮护理与其他的安抚性接触的确是防止攻击性干涉的策略，那么，我们只需要再往前走一小步就可以将这种行为称为"代价"并进而来讨论性协商问题了，即使雄1号也得付这个代价。有时，身为首领的尼基也会朝另外两只雄黑猩猩伸出他的一只手。如果他们两个在看到这一手势后作出的反应是轻微的武力炫示或吼叫，那么，尼基就会重新回到他们身边并继续给他们做毛皮护理，以此来提高他所付出的那个代价。

有一次，尼基全神贯注地给耶罗恩做毛皮护理；由于过于专注，他居然没有注意到不知什么时候鲁伊特已经悄悄地离开了。过了一段时间后，当他朝鲁伊特原来坐的地方扫了一眼时，他马上尖叫起来并四处张望，却发现那只处于发情期的雌黑猩猩也不见了。震惊之下，尼基与耶罗恩互相拥抱了一下。显然，他们得出了同样的结论，因为他们俩都毛发竖立着狂奔起来，穿过了整个圈养区。当他们发现鲁伊特正在安静地饮着护河里的水时，他们才平静下来。但他们刚才的担心是没有理由的吗？他们永远都不会知道了，但我知道他们只不过是来得太晚了。

---

① 在与黑猩猩中可能存在的一种心理位序（moral order，指某一个体关于不同个体间的地位高低及相应尊卑关系的道德秩序感——译者）相联系的情况下，黑猩猩们在实施某一特殊行动前请求赞同或批准的现象是很有意思的（这一问题在我于1996年出版的《性本善》一书中有讨论）。在贝尔特·海恩斯特拉的电影《黑猩猩家族》中接近末尾时有这样一个场景：年轻的乌特正在爬一棵树，起初他朝丹迪伸出了一只手，似乎是在请求那只成年雄黑猩猩让他走。简·古道尔在其1968年的文献中的第281页上曾描述过由梅丽莎做出来的这一手势的一种相似的用法："在供食区刚开辟的那些日子里，有时，我们会将香蕉藏在树上，以便年轻的黑猩猩们能发现它们，而对其他黑猩猩我们则从那些盒子里给他们供食。有那么一只雌黑猩猩，在每次起身去取她所注意到的被藏着的香蕉之前，她总是会朝最高级别的雄黑猩猩伸出一只手。"

第五章　黑猩猩群落的社会机制

在这最后一章中，我打算讨论几个与群体生活和群体成员的心理能力有关的一般原理。一方面，我将讨论一些诸如战略性智慧的能力，这种能力是我们的一种设想，但动物的这种能力实际上是无法证明的。另一方面，有些能力是我们倾向于认可但在动物中又未必存在的。这些能力中的最基本的一项就是个体之间互相识别的能力。尽管没有这种能力的动物之间也能形成一种等级秩序，但他们却不得不在每次相聚的时候重申他们各自的地位。个体之间互相识别的能力则可免除这种不必要的麻烦，它可使每一个体都知道他在一个已然较好地建立起来的社会结构中的位置并确保这一结构。如果某一群体中的个体的数量多得异常，那么，这一系统就会崩溃。例如，由于旅游者的人工喂养，日本的某些猴群已经膨胀为拥有上千个个体的群体。一个猴群的正常个体数量应该是一百左右。当猴群变得那么大时，就会出现大量不明确和不稳定的支配与被支配关系，而且，这种关系的数量会大到令人吃惊的程度。显然，那巨大的个体数量超过了日本短尾猴的记忆力，因而，群体中的许多成员都只能以陌生"人"的身份存在于其他个体的眼中。

正如个体的识别是稳定的等级秩序的一个先决条件，三角意识也是基于各种联盟的等级秩序的一个先决条件。"三角意识"是指个体觉察到其他个体之间的社会关系以便自己与他者形成多种三角关系的能力。例如，鲁伊特知道耶罗恩与尼基是盟友，所以，当尼基在附近时，他不

　　以毛发竖立并因而使身体膨胀起来为特征的威胁性武力炫示通常是一种短暂而自信的冲锋活动。伴随着这种活动的带有双唇向外鼓起特征的面部表情是很难拍到的。在尼基做完一次冲锋后坐下来时，我立即叫他的名字并在他应声回头的一瞬间成功地拍下了这张照片。

去挑起与耶罗恩的冲突；然而，当他遇到独处的耶罗恩时，他就远非不愿意这样做了。这种知识的特殊之处在于：一个个体不仅知道他或她自己与群体中的每一个体的关系，而且还监控与评估着群体中的各种社会关系，以便懂得自己是怎样与其他个体的关系圈发生关系的。三维的群体生活的基本形式在许多鸟类和哺乳类动物中都可以发现，不过，在这一方面，毫无疑问，灵长目动物是居于最高层次的。如果没有三角关系意识，那么，旨在和解的调解、离间性干涉、告密和结盟都会是不可想象的。①

　　这一心理能力自然也反映在所有的社会领域中。下面的例子来自非政治的生活场景中。有一天，弗朗耶带走了吉米的孩子。那孩子发出一声短促的尖叫，吉米闻声跃起并急匆匆地朝弗朗耶奔去。在离弗朗耶约15米远的地方，吉米坐了下来。这时，她的毛发竖了起来，其表情和姿态充满了威胁的意味。弗朗耶看着吉米，似乎害怕吉米再朝她靠近一点。正在这时，安波出面干涉并解决了这个问题。她从弗朗耶的背上抱下了那个孩子，而后将他带回给了他的母亲。当安波将那个孩子递给吉米时，弗朗耶顺服地对吉米表示"问候"，不过，是在相当长的一段距离之外。

　　为了能成功地实施这一干涉，安波不仅得有将吉米、弗朗耶和那个孩子作为不同的个体加以识别的能力，而且，她还得知道那个孩子是那两只雌黑猩猩中的哪一个的，以便能搞清楚冲突的原因。如果这听起来

---

① 桃乐茜·齐奈与罗伯特·赛法师的"非自我中心的社会认知"（参见其 1990 年的文献，第 72—86 页）是一个与三角意识相关的概念，它指的是猴子与猿学会理解自己不直接参与其中的社会关系，例如其他个体之间的等级秩序或其他群体成员所归属的母系血亲关系。这一术语强调 A 观察 B 与 C 之间的相互作用并评估 B 与 C 之间的关系的能力，而三角意识这一术语考虑的是 A 多么需要理解 B - C 关系，因为它牵涉到 A - B 及 A - C 关系。维勒纳·戴色尔在其 1988 年的文献中提供了三角意识的实验证据，他让猴子在知道所要描述的个体之间的社会关系的基础上对幻灯片中的其他猴子作出分类。

显得简单，那是因为对人类来说，三角意识是一种第二天性；我们很难想象，如果个体没有这种意识，那么社会是什么样子。

依附性地位

我有两只驯养的寒鸦，那只大一点的名叫"拉芙娅"，小一点的叫"尧汉"。拉芙娅是在没有她自己所属物种的其他成员的陪伴下由我养大的。在性成熟后，尧汉向拉芙娅求爱，而她却无论是在社会关系上还是在两性关系上都对我而非那只雄鸟更感兴趣。由于拉芙娅拒绝尧汉，在交配季节，这就会引起冲突。尧汉的形体比拉芙娅大得多也强壮得多。每当我听到拉芙娅的尖叫声，我就会急急忙忙地跑向那个大鸟笼，而后，将她从他的双爪之下解救出来。当我来到鸟笼旁的时候，拉芙娅会飞到我的肩膀上来，而后，冲着尧汉气势汹汹地尖叫起来。有时，她甚至会从一个安全的地方对他发起攻击并啄他。对此，尧汉的选择是逃离而非还击。这意味着他们之间的支配与被支配关系被我的干涉所颠覆了。1931 年，康拉德·劳伦兹也曾经描述过一种类似的现象。在他的第一部长篇著作中，他写道，他曾经观察到这样一种现象：在他所驯养的寒鸦群中，雌鸟的地位会因为结偶而上升，即获得与其雄性伴侣相等的地位。

然而，直到 1958 年，当日本科学家在日本短尾猴中完全独立地发现了同样现象时，这种现象才得到一个名称。河合雅雄给生活在一个野生猴群中的两只年幼的小猴子扔下了一些食物，而后记录了相关结果。他认为，拿走食物的猴子就是居于优势或支配地位的猴子。河合做了许多这样的实验，他发现，某些地位高低关系取决于这些幼猴与他们的母亲之间的距离远近。例如，在双方的母亲都离得很远的情况下，猴子 A 支配着与他同辈或同龄的猴子 B，但在双方母亲就在他们附近时，却会

一只日本母短尾猴与她的幼仔。

出现相反的情况。这种地位关系颠倒的情况出现的条件是 B 的母亲的地位比 A 的母亲高。地位高的母亲的在场能使其后代从中受益。河合将双方的母亲都不在场的情况下两只幼猴之间的地位高低关系称为基本的地位关系，将双方的母亲都在场的情况下两只幼猴之间的地位高低关系称为依附性地位关系。

　　如果我们将同样的术语用到我的宠物寒鸦身上去的话，那么，拉芙娅相对于尧汉的基本地位就是从属地位，但我的出现却使她的依附性地位得到了提升。当然，这种现象总是以第三方的非中立立场的存在为先决条件的。无论是在拉芙娅还是那些幼猴们的案例中，当事者的地位都依赖于一个准备保护他们的个体。在此，三角意识起着重要的作用。根据经验，冲突双方都知道第三方站在谁那一边，因而，第三方仅仅用一个表示支持的眼神或姿势就能够影响局面。

在黑猩猩的等级秩序中，第三方起着如此巨大的作用，以至于可使个体间的基本地位关系显得无足轻重。这一结论并非只适用于三角关系中的成年雄黑猩猩之间复杂的权力平衡与否的情况。例如，在母亲或"阿姨"的保护下，一只未成年的黑猩猩也可能将一只完全已成年的雄黑猩猩赶走。与未成年者一样，成年雌黑猩猩们的基本地位是低于成年雄黑猩猩们的；但是，在其他雌黑猩猩或有时在居于统治地位的雄黑猩猩的支持下，她们的地位也会出现翻转。

在野生栖息地中，雌黑猩猩之间要分散得多，因而，在那里，一只成年雄黑猩猩被一只未成年黑猩猩或一只成年雌黑猩猩赶走的情况是极为罕见的。由于生活空间有限，而生活于其中的雌黑猩猩的数量又相对较大，因而，在阿纳姆黑猩猩群落中，个体之间的权力差异要小得多。①

---

① 雌性与雌性之间的关系可能是黑猩猩的社会组织中最富于变化的因素。这些关系可以在我所熟悉的被圈养群体中的紧密关系到坦桑尼亚的贡贝河流域和马哈尔山上的野生群体（参见本书参考文献中所列的简·古道尔 1986 年的文献）中的相当松散的关系之间变动。不过，在荒野中也存在着可变性。在几内亚昆绍的一座山上的一片近 6 平方公里的森林中，有一个因为农业的侵蚀而"陷入陷阱"的黑猩猩小群体，在这个群体中，看来存在着雌性之间的联盟。杉山幸丸（1984）经常看到这片森林中的大多数黑猩猩个体以单个团伙的形式一起行进，通过测算，他发现：在这个群体中，雌性与雌性互相护理毛皮的比例相当高。与此相似，森林与象牙海岸的雌黑猩猩似乎比其他地方的更富于社会性：她们交往频繁，建立特殊的友谊，分享食物，并互相支持。克里斯多夫·伯施在其 1991 年的文献中将这种现象归因于为了抵抗豹子的袭击而进行的合作性防御。对于这一问题的思考，"适应的潜能"说（参见德瓦尔 1994 年的文献）是能派得上用场的：雌黑猩猩们肯定有一种在她们自己之间结盟的潜能，但在大多数自然栖息地中，由于有生态压力迫使她们分散活动，因而，这种潜能可能得不到实现。

雌黑猩猩之间的等级秩序

　　等级地位的基础是与性有关的。在雄黑猩猩们之间，联盟决定着支配与被支配关系。雄性对雌性的统治则在很大程度上是由雄性体力上的优势决定的。至于雌黑猩猩之间的支配与被支配关系，看来，个性与年龄才是最重要的决定因素。

　　雌黑猩猩之间的冲突是如此少见而其结果又是如此不可预测，以至于它无法用作个体间等级地位的评判标准。在贡贝河流域，动物行为学家们也观察到了这种情况。关于那里的情况，戴维德·拜高特的结论是："就等级或地位高低关系来说，描述雌黑猩猩之间的对抗关系也许并没有多大意义。"在我们的黑猩猩群落中，雄性之间的冲突每 5 小时发生 1 次，雄雌之间的冲突每 13 小时 1 次，雌性之间的冲突则仅为每 100 小时 1 次（这是夏季期间在每对两个个体的组合中所发生的各种大大小小的冲突的平均频率）。

　　雌黑猩猩之间出现"问候"的频率是出现冲突的频率的 2 倍。尽管这一频率很小，但在所有可能的判断标准中，只有"问候"才是雌黑猩猩间的等级序列的可靠表征。由此看来，雌黑猩猩之间的等级序列可以分为四个等级，即：大妈妈，雌 1 号，她独自构成一个等级；然后是普伊斯特和格律勒；再次的是群体中 3 位最早成为母亲的雌黑猩猩即吉米、弗朗耶和特普尔；在她们之下的则是施嫔、克娆姆和安波。不同等级的成年之间的上下尊卑关系要比同一等级成员之间的关系清楚得多。雄性之间的等级秩序与雌性之间的等级秩序之间的巨大差异是，雌性之间的等级秩序可以稳定地存在许多年。

　　如果对一个较小的关养的短尾猕猴群作深入细致的观察，那么在几天之内就可搞清楚群内雌性之间的等级序列。但要就我们阿纳姆的黑猩猩得出同样的结论，我们就不得不花上几个月时间了。雌黑猩猩之间的等级序列的模糊性在很大程度上是由于她们缺乏一种对等级关系的执著之心。雌短尾猕猴、雌狒狒及雄黑猩猩常常会通过一定的形式去证实自己相对于其他个体的优势或支配地位，而雌黑猩猩看来没有这种心理需求。雌黑猩猩们明显缺乏谋求权力的野心，这大概与黑猩猩们倾向于生活在一个相互关系不那么紧密的群体中并通常独自觅食有关。在相互关系比较松散的黑猩猩群落中发生的食物竞争要比在相互关系紧密的短尾猕猴与狒狒群体中少得多。这意味着：在生活自由度较大的黑猩猩中，不存在个体谋求较高或更高的社会地位的一个称得上重要的理由。阿纳姆黑猩猩群落中的雌黑猩猩们就表现出了这一行为模式。

阿纳姆黑猩猩群落中的雌黑猩猩间的等级秩序似乎是基于由下对上的尊敬而不是由上对下的威胁和力量炫示建立起来的。雌黑猩猩们很少进行威胁性武力炫示，而且，她们之间的"问候"有 54% 是自发的；与此形成对照的是，雄黑猩猩之间的"问候"则只有 13% 是自发的。而在其他大猿类的雌性之间，地位高低关系的接受或许比去检验这种关系更为重要。例如，当一些雌猩猩第一次被放进一只笼子中时，她们立即就会毫不犹豫地建立起一个稳定的上下尊卑模式，它的建立无需任何形式的战斗或威胁。这一统治秩序与相关个体的体型大小无关；也许是某些个体的个性赢得了其他个体对她们的尊敬。在野外，年龄大小与资历深浅及个体在所在区域中居住时间的长短似乎是决定个体地位的关键因素。也许雌猿们会对许多这样的因素作一个快速评估，而后就爽快地对那些看起来占据上风的雌性表示顺服。然而，如果从统治秩序的快速建立以及随后所表现出来的稳定性就得出结论说——雌猿们对于自己占据一个什么样的等级地位是毫不在意的——那又可能是一个错误。因为，尽管罕见，我们还是可以观察到雌猿之间的一些激烈竞争，这些激烈竞争已经对这样的结论发出了警告。①

　　除了形式上的上下尊卑和实际上的支配与被支配关系外，还有第三种类型的个体间相对地位关系，这使得我们对于猿类的等级秩序的理解进一步复杂化了。例如，当雄 1 号将一只汽车轮胎放在室内大厅中的一只鼓上并试图躺在它上面时，一只雌黑猩猩可能会将他推开并自己坐上去。雌黑猩猩们还会从雄黑猩猩手中拿走石块、木棍等物体，有时甚至还会拿走食物，而这些行为没有遇上任何抵抗。我的学生之一——罗纳德·诺亚对某只体型高大的雄黑猩猩与高级别雌黑猩猩之间的三种互动活动做过比较研究。在雌、雄个体之间的接触中，根据谁"问候"谁这一形式上的标准，雄性占支配地位的比例占了 100%；根据在攻击事件中谁赢了谁这一实际上的标准，雄性占支配地位的比例则只占了 80%。然而，如果考虑到雌性拿走了雄性的东西和占了雄性坐的地方这些情况，那么，雌性占支配地位的比例则高达 81%。由于雌性缺乏靠蛮力

---

① 圈养区中的群体的形成以及自然环境中的研究已使得雌黑猩猩们的野心开始明朗起来。在底特律动物园，新引进的雌黑猩猩之间会出现严重的紧张状态，对此，凯特·贝克与芭芭拉·司马茨（参见他们两位的 1994 年的文献中的第 240 页）总结道："当雌性之间第一次互相结成某些关系时，她们会使用多种复杂的竞争策略，这些策略令人联想起那些已经得到证明的雄性在谋求地位时所使用的策略。这些结果……对于以前的将雌性说成天生就比雄性缺乏竞争性的论断提出了挑战。"

　　刚刚过去的 30 余年中，关于贡贝河流域的黑猩猩们的详细记录证明：以雌黑猩猩们内部表示"问候"的伴着喘气的咕咕声朝向谁为标准测量出来的群体成员之间的上下尊卑关系对繁殖具有一种戏剧性的效应：高等级雌黑猩猩们的后代要比低等级雌黑猩猩们的后代具有更好的生存机会，也成熟得更快。这意味着对于野生黑猩猩们来说，据有支配或优势地位是事关重大的。也许，高级的地位可转变成栖息地中的一块拥有质量最好的食物的活动区域（参见本书参考文献中所列的蒲赛等 1997 年的文献）。

　　在圈养区中，食物对于所有群体成员来说都是丰富的。我自己原先粗浅的经验是：雌黑猩猩们通常无需战斗就会很快地建立起她们之间的上下尊卑关系。但是，即使底特律动物园中的情况是个例外——那里，有两只雌黑猩猩同时声称据有群体的最高地位——随之而发生的挤开其他"骑手"以便使自己占有有利位置的现象还是证明了雌性具有一种重要的潜能，这种潜能是那种只观察过一个已经很好地建立起了稳定的等级秩序（例如，我在阿纳姆动物园工作期间那个黑猩猩群体中所存在的等级秩序）的黑猩猩群体的人所从来没有想到的。

来要求得到有用之物的体质，因而，她们的优先权必定得依赖于雄性的宽容。但这时问题出现了：为什么雄性就得允许雌性这样做呢？难道说，雌性除了带着上战场的体力还有其他的武器？的确她们有着不靠暴力来获得的东西可以提供，例如：性与政治上的好处以及她们所从事的帮助雄性平息怒火的无声的外交活动，这使得雌性具备大量借以与雄性相抗衡的手段。如果是否受雌性欢迎是某个雄性领导地位稳定与否的一个关键因素的话，那么，他最好对她们宽容并随和一点。

到这个群落来参观的游客们总是想搞清楚谁是老板，而我则总是以把他们搞糊涂为乐趣，我会说："现在，尼基是最高级别的黑猩猩，但他完全依赖于耶罗恩。作为个体，鲁伊特是整个群落中最强有力的。但若要说谁能把其他的黑猩猩都推到一旁，那么，大妈妈才是老板。"人类学家马歇尔·萨林斯认为，这种相对于最强者为王的法则的例外只有在人类社会中才有，他说："与低于人类的灵长目动物们恰恰相反的是，一个人若想受尊重就必须慷慨大方或宽宏大量。"如果萨林斯说这话时心里所想着的是狒狒或短尾猴的话，那么，他差不多肯定是对的；但若是就与我们最接近的亲戚——类人猿来说，事情就要复杂得多，也跟人类的情况相似得多了。近来，西田利贞描述了一个关于马哈尔山上的一只雄1号黑猩猩的案例：他通过一个精心设计的"贿赂"系统来维持自己的地位，借此，他使自己的地位维持不变的时间长到了异乎寻常的程度（超过了10年）。他的做法是：有选择性地向那些为他反对潜在的挑战者提供支援的个体分发肉食。

战略谋划的智力

自从修昔底德在两千多年前写下关于伯罗奔尼撒战争的历史著作以来，人们都知道：这个世界上的国家或民族都倾向于寻求结盟，以反对

就像在他之前的尼基一样，现在，丹迪正在经历一个欺凌雌黑猩猩们的阶段。只有当她们以喘着粗气的咕哝声来对他表示尊敬时，他才会停止他的攻击。左：丹迪；右：大妈妈。

被他们认为是共同的威胁的国家或民族。共同的害怕成为联盟形成的基础，这种害怕使得一个国家或民族将自身的力量加在平衡双方中分量较轻的一方上。由此产生一种所有国家或民族都在其中占据了一个有影响力的位置的力量平衡。同样的原理也适用于社会心理学并以"最省力的取胜联盟"的形成而为人们所知。在参与某项实验性游戏的三个玩者中，如果最弱势的那一个在与最强或中间水平的一方联合后会有提高分数的机会的话，那么，他会宁愿与非最强的一方联合。在被废黜后，耶罗恩就面临着同样的选择：或者，与较强的一方——鲁伊特结盟，或者，与较弱的一方——尼基结盟。在鲁伊特的统治下，耶罗恩的影响是有限的，因为鲁伊特不需要他的支援，最多需要他的中立。然而，通过选择支持尼基，耶罗恩使自己成了尼基领导群体所不可缺少的角色，因而，他在群体中的影响力又重新上升了。

鲁伊特闭着双眼,近乎出神地跳着一种有节奏的顿足舞,在这场"通风式"武力炫示活动达到高潮时,他发出了欢叫声。

如果耶罗恩的策略与一个国家或人类个体的策略在很大程度上是一样的话,那么,我们就必须问问自己,他的结盟行为的背景是否与人类的不同。人类的策略是基于理性的。这里的理性不应该与有意识相混淆,我们能够无意识地得到一个理性的解决方案,有时,我们也会采取我们知道是不理性的行动。理性的选择基于对众多因果关系的评估。由此，问题是，耶罗恩是否在决定与尼基联手之前就已经看到了未来。

我们应该确定的第一件事是黑猩猩们是否会为了获得一个更高的地位而积极努力。是想要获得它的强烈欲望驱动了我们称为"目标导向的行为"吗？这种行为的首要特征是目标达到之后行为就不再是必要的了。如果说行为 X 是为目标 Y 服务的，那么，当 Y 已经达到时，X 就停止了。这种活动的最简单的例子就是恒温器。这种调控功能使炉子在达到某一确定温度（目标 Y）之前总是在不停地加热（行为 X），而一旦达到了目标，那么，电源就被自动切断了。简·古道尔对贡贝河流域一只名叫"高柏林"［Goblin，意为"顽皮鬼"］的黑猩猩的观察提供了一个完全对应的例子："每当碰上成年雌黑猩猩时，他会以青春期的雄黑猩猩的方式——咆哮威吓她们，并用武力欺侮她们，直到她们服从他为止。"在此，"直到……为止"这个词至关重要。为什么一旦雌黑猩猩服从了他，高柏林就不再表现出这样的行为呢？阿纳姆黑猩猩群落中也有一个发生在尼基身上的类似例子。资料显示：1976 年秋天，尼基对雌黑猩猩们的敌对行为开始下降，而那正是她们开始经常"问候"他的时候。由此，我们可以推断，一只青春期的雄黑猩猩的行为会随着雌黑猩猩们对于他的统治地位的承认而变得成熟与温和起来。对此，最简单的解释就是：他的重拳是迫使他者尊重他的一种方式，而一旦目标已经达到，它就变得没有必要了。

如果这听起来非常自然，那么，我们一定不要忘记：长期以来，动物的权位欲望一直是学术界热衷于争论的一个主题。1936 年，美国心理学家马斯洛提出了"统治驱力"假说，但大多数动物行为学家们一直在小心地避免使用这一术语。然而，根据我自己对于短尾猕猴与黑猩猩的研究，在这一点上，我倒是毫不犹豫的。我所观察过的动物们显然都在努力获得一个较高或更高的地位。在此，且让我再来引用简·古道尔的一段话："很明显，许多雄黑猩猩都花了大量精力并冒着受严重伤害的危险在追求一个高的身份地位。"显然，权位欲望并不只是动物园中的动物才有的。

爪哇的短尾猕猴会以两种方式互相威胁。在研究他们的时候，我发现，这两种不同的威胁形式存在着功能上的差异。年轻的猴子们用一种聒噪的威胁来对付那些他们后来将要在地位上取而代之的也即现在由他们的母亲们所支配的个体们。另一种安静的威胁则被用来对付那些已经表现出顺服倾向的个体。也就是说，第一种威胁是用来攀爬社会地位的阶梯的，第二种则只是用来强调现在已有的地位的。

在黑猩猩们的武力炫示中也可以看到某种与此类似的差异。差异还是在炫示者所制造的噪声的音量上，一种是震耳欲聋的，一种是相当安静的。第一种威胁性武力炫示是以上身的摆动和越来越响的吼叫声开场的。此后，那雄黑猩猩会冲到他的对手前面并以一声响亮的欢叫声来结束他的炫示。由于这种吼叫伴随着深长而有节奏的呼吸，因此，这种武力炫示被称为"通风式"炫示。在所有统治秩序的重建过程中，这种炫示在挑战方身上表现得特别明显。而一旦不稳定期过去，对手已经表现出顺服，挑战者就会换用另一种威胁。在这种形式中，作为威胁者的雄黑猩猩是将双唇紧紧地闭合在一起并控制着自己的呼吸的，当气流从胸腔中喷出来时，炫示者的双唇也会随着气流所带来的压力而鼓起。正是由于这一特征，这种威胁性武力炫示被称为"膨胀式"炫示。"通风式"武力炫示是挑战性的，其目的是为了使自己想要支配他者并被他者所尊敬的热望被对手所知；"膨胀式"武力炫示则是自信的表现并具有摆架子、显尊贵的意味。

同样，在发生上下尊卑的倒转后，激烈战斗的数量就会减少，"通风式"武力炫示活动也会减少。这种现象支持这样一种主张，即这些过程是有明确目标的，因为，如果不是这样，那么，为什么一方的顺从会被另一方以改变其威胁的方式来作出回应呢？为什么严重对抗的数量会减少呢？此外，雄黑猩猩经常会在没有任何明显理由的情况下就冲突起来，而雌黑猩猩与孩子们则倾向于不冲突——这一事实暗示着，为了像社会地位这样的"看不见摸不着"的东西而竞争才是他们互相冲突的主要动机。由此，在我看来，黑猩猩们都会为了一个较高或更高的地位而努力奋斗的；在成年雄黑猩猩们身上，这一点是确定无疑的。

对于权位的渴望几乎肯定是与生俱来的。现在的问题是，黑猩猩们怎样去实现他们的野心呢？这或许也是遗传的。在我们人类之中，某些人被认为是具有"政治本能"的，我们也没有理由不应该说，黑猩猩们同样如此。不过，对于他们所用的各种策略的所有细节都来源于"本能"这一点，我是持怀疑态度的。

用先天的社会倾向作为达到某个目的的手段是需要有后天的经验来支持的。这一道理就像一只天生了一双用来飞翔的翅膀的幼鸟需要几个月的练习才能掌握飞行技艺一样。就政治策略来说，经验能以两种方式起作用：或者，在社会活动过程中直接起作用；或者，通过将老经验投射到未来之上而起作用。第一种可能性意味着一只猿如耶罗恩已注意到通过支持尼基他能从中获益。这种行为可能是条件作用，一种特定的行为被它的正面效应所强化。但这不可能是全面的答案，因为耶罗恩的策略所产生的结果刚开始时是负面的，通过反抗鲁伊特并寻求与尼基接触，耶罗恩发现自己总是处在他通常会失败的冲突中。若要继续推行自己的策略，耶罗恩就必须在内心中确认自己正走在正确的道路上；因为直到几个月之后，他的选择才开始表现出明显的好处。耶罗恩也许已经被一些微妙的效应（例如，鲁伊特身上的不自信迹象）或他关于这一过程的最终结果的预测所激励。预测能力是某种我们几乎不敢相信非人动物也有的东西。尽管在耶罗恩的案例中这种能力不能得到证明，但有证据表明，黑猩猩们是拥有这种必需的心理能力的。

加拿大心理学家达尔比尔·宾德拉将计划定义为"对将主体当下的情形与遥远的目标联系在一起的一些子目标的'路线'的认定"。这需要那种能够看到未来的能力。宾德拉说:"黑猩猩很可能是具备就一个跨越较长时期的事件制订计划的能力以及将计划本身与计划的执行分开来的能力的,至少在一定程度上是如此。"下面,我来举两个关于这种朝向未来的行为的例子。

那是9月份,天气已经比较冷了。那天早晨,弗朗耶将她笼子里所有的草都收集起来并将那些草夹在胳膊下带了出来(子目标),这样,她就能在室外为自己做一个温暖的窝了(目标)。弗朗耶这样做并不是对于寒冷的直接反应,而是在她实际上能感受到室外的天气有多冷前就已经做了。

第二个例子是"说再见"。问候是当事者对遇见某个自己所熟悉的个体的反应,说再见则是一种以对分离的预测为基础的活动。有一次在德国举行的会议上,艾伦·加德纳作了一个关于年少的黑猩猩们的语言实验的报告,从中我第一次得到这样一个暗示:猿是有可能预见一次分别的。那些猿被教会了使用手语,他们不仅用这种方式与人类交流,而且在他们之间互相交流。加德纳告诉我们,在分别之前,他们会使用"拜拜(再见)"这一手势。后来,我从我们阿纳姆黑猩猩群落中获悉一种很有价值的指示信号:每天下午,格律勒都得用奶瓶给茹丝耶喂奶,饲养员会在指定的时间叫她进入室内,而让其他群体成员继续待在室外。然而,在她带着她所收养的孩子进入室内之前,她会走向耶罗恩与大妈妈,短暂地抚摸他们一下或亲吻他们。有时,为了这样做,她还得绕一段相当长的路才行。这一行为的惟一解释看来就是,她在说"再见",因为她能看到即将到来的分离。

这种朝向未来的行为是以经验为基础的,明白这一点相当重要。这种行为与出于本能的预防行为——例如,松鼠在秋天为过冬而收集食物的行为——是有很大差异的，因为即使从来没有经历过冬季的小松鼠同样会这样做。此外，黑猩猩们还不仅能朝前看与朝前想，而且还能预见前方的一些步骤（子目标）。于尔根·德尔做的一个巧妙的实验为此提供了证据。

实验人员向一只叫朱莉娅的雌黑猩猩出示了一只里面装有两把钥匙的盒子，她得从中选择一把。她用她所选择的这把钥匙打开了另一只盒子，而那只盒子里同样装有下一只盒子的钥匙；以此类推，直到她最终打开最后一只盒子。如果朱莉娅在开始时选对了钥匙，那么，最后一只盒子中装的就会是少量的美味食品。然而，如果她起初选错了钥匙，那么，她就得沿着由许多盒子和钥匙构成的一条路线走上一遍，而这条路线最后将把她引向一只空无一物的盒子。实验人员教朱莉娅哪些钥匙是配哪些盒子的，由于盒子是透明的，因而，她能够看得到哪些钥匙装在哪些盒子里面。在选择第一把钥匙时，她得克制住吃现成饭的冲动，因为如果选错了钥匙，实验人员不会允许她去改正自己的错误，而且，在下一次试验中，他们还会对那些钥匙与盒子作完全不同的排列。因此，朱莉娅不得不将最终目标即那只装有食物的盒子与对于钥匙的最初选择联系起来，并不得不在选择之前做一番思考。在所有盒子加起来有 10 只（每 5 只 1 列的 2 列）之多的实验中，朱莉娅刚好能做完那件事情。事实上她能够预见到前面的几个步骤，从而达到自己的目的。

后来，德尔补充了一段评论：在自然栖息地中，黑猩猩们从来没有面对过如此困难的问题。就像实验心理学中经常出现的情况一样，这一评论反映了某些实验室研究人员对复杂的实际生活缺乏了解；相对于实际生活来说，实验室中所测量的心理能力是一种"改编"[①]。生物学家们对于动物可能拥有多余的能力是极为怀疑的，若不是因为能增加存活

[①] 意为实验室中所测量出来的心理能力已经过削足适履式的改造因而不可能完全真实地反映出动物们在实际生活中所拥有的能力。——译者

和繁殖的机会，自然为什么会造出并维持像巨大的脑袋这样浪费能量的东西？显然，黑猩猩们通常是不可能会面对与提供给朱莉娅的完全相同的技术问题的，但我们不能排除，她所表现出来的那种谋略性智力在社会领域中是至关重要的。谋略性智力是考虑如何实现一个遥远的目标并对某个选择所引起的各种结果进行权衡的能力；只有在肯定黑猩猩具有这种能力的情况下，我们才能解释，为什么耶罗恩采取了那个最终给他带来他所期望的最好结果的结盟方案。

在人类社会中，人们往往在事后回顾中才发现自己行为的目的。例如，在青春期阶段，我们会以激怒并挑战我们的父母来与我们的父母相对抗。事情过后，在解释这种行为时会说："我要独立。"但要记住，我们并不是在心中清楚地怀有这一动机的情况下开始代际冲突的。那是一种无名的、无意识的动机。与此相似，我们可能会想着去影响他人，并搞出一套策略且付诸实施，但我们自己却可能没有意识到，这就是我们的目的。我们甚至会避免去想它、谈论它。荷兰社会心理学家毛克·穆尔德以自己做过的许多实验证明，男人们会从行使权力中获得满足，他们总是在努力增强自己对其他人的影响。但与此同时，他指出，人类社会中存在着一种围绕着"权力"一词的禁忌："当我们谈起权力时，我们总是在谈论与其相关的他人……"；当我们所谈论的权力涉及我们自身时，我们总喜欢说，"肩负责任""身居要职"或我们是在"以从他人手中拿走决定权的方式来帮助他人"。

一只悄悄地逼近一只鸟的猫得为它的最后一跃作出精确"计算"。为了准确地预测出那只鸟的反应，它需要许多的经验；在这方面，年幼的猫与成年的猫之间存在着巨大差异。我们一般不会认为猫的计算是一个自觉的过程，我认为，我们人类的谋略在很大程度上是依赖于与猫类似的直觉性计算的。它们是以经验为基础并需要大量智力的，但它们不必渗透到我们心中的自觉意识的层面中来。同样，黑猩猩们会利用他们的智力和经验使自己的行为遵循一条理性的路线却无需有意识地谋划他们的策略。

人类是话痨型的灵长目动物，但实际上，人类的行为与黑猩猩的并没有多大不同。人们热衷于言词之争，热衷于富于刺激性的或令人印象深刻的语言形式的威胁性实力炫示，热衷于抗议被人打断话语，热衷于劝人和解以及许多其他形式的语言活动；而这些活动黑猩猩们也在做，只不过他们是在无言之中完成的。当人类诉诸行动而非言词的时候，他们与黑猩猩之间的相似性就更大了。黑猩猩们会尖叫、呼喊、猛击门板、扔东西、请求帮助，然后，他们会通过友好的接触或拥抱来达到和解。我们人类同样显示出了所有这些行为模式，而且通常在没有作出一个自觉的决定的情况下我们就这样做了，而我们的动机大概也与黑猩猩们的并没有多大差异。

两性间的行为差异

有些动物行为学家不愿谈论动物之间的同情现象，但听说过灵长目动物之间的影响深远的合作事例的外行们却没有这样的顾虑。实验心理学家尼克·哈姆弗莱写道："群居动物的自私性会被同情（因缺乏更好的术语，我只能用这个词）所减弱，这种现象是很有特色的。我所说的同情是指一个社会成员会把自己看做另一个成员并由此在一定程度上将他者的目的当做自己的目的的倾向。"除非我们有一种测量同情的方法，这一直觉性解释才有可能得到证明。我们可以这么说：同情是与熟悉和亲密程度有关的，而熟悉与亲密程度是可以用两个个体待在一起的时间的长短来测量的。

以刚果即那只著名的会画画的黑猩猩为例，在他和人的亲密程度与人所给予他的支持之间肯定是存在某种联系的。德斯蒙德·莫里斯报告说：在与 4 个人的友好关系上，刚果表现出了一种优先跟谁亲近的倾向，而他对他们的亲疏程度与他每天与他们中的每个人接触的时间长短是相对应的。"于是，我们 4 个人假装互相攻击，以此做了一个实验。在每一次实验中，刚果都站出来保卫他最熟悉的那个人。"关于他的忠诚程度，令人感兴趣的是：对于他来说，那两个人当中哪个是攻击者、哪个是被攻击者是没有差别的。刚果的干涉遵从的是他的同情心。

在涉及互相间的关系时，黑猩猩们也做同样的事吗？就阿纳姆黑猩猩群落来说，可用来回答这一问题的材料是足够多的。首先，这些年来，我们已记录下在各种冲突中发生的将近 5 000 次干涉，因而，我们知道谁支持谁。我们也知道，群体中的每一个体更喜欢与哪些个体做搭档——一起做护理、一起玩、一起走、一起坐。下面的例子表明我们是如何可能将这两个因素相比较的。有一次，特普尔与安波之间发生了争吵，普伊斯特对安波进行了攻击，从而使那场吵架中断了。根据我们的档案，普伊斯特与特普尔的接触要比她与安波的接触多得多。这意味着：像刚果一样，她也是为了支持更熟悉的一方而进行干涉。如果从群体中的所有个体进行的干涉总数来看，这种情况下的干涉占了65%。如果个体之间的熟悉与否不是一个决定性的因素，这一比例就会是50%左右。这一数据证实了个体偏爱在社会关系处置上的重要性。

初看起来，这一结果是无足轻重的；谁会期望另外的结果呢？然而，当我们分别去看每一个体的行为时，我们就会感到吃惊。在 23 个个体中，21 个个体的得分（偏袒性干涉在所有干涉中所占的比例）都超过了50%，只有两个个体的得分低于50%。这两个例外者就是耶罗恩与鲁伊特。他们两个与其余个体之间的巨大差异不可能只是偶然因素造成的；因为我们所记录下来的干涉数量已经大到足以给出一个可靠

　　思索和预测是黑猩猩们从小就在练习的。根据经验，莫尼克知道枯死的树枝可能会断掉；图中，莫尼克抬起她的左脚，做好了去抓住树枝末端的准备，这说明她具备相关的知识。

的结果了。这意味着：那两只最年长的雄黑猩猩不允许他们自身的偏爱影响他们的干涉活动。对此，我的解释是，耶罗恩与鲁伊特非常清楚他们所做的事的政治效果。他们的干涉是与导向权力增长的某种策略相一致的。他们建立与毁弃联盟的灵活性给人以策略翻覆、（唯利是图的）理性决策与机会主义的印象。在这样的策略中，是没有同情与反感起作用的空间的。

　　以下这一发现是支持这一解释的：在执政不稳定期，耶罗恩与鲁伊特都表现出了最低的（非偏袒性干涉）百分比；而在执政稳定期，他们的（非偏袒性干涉）百分比就达到了 50% 左右。尼基也曾经经历过一个其干涉与他和被干涉者的交情不相一致的时期，那就是他的地位上升到高出所有雌黑猩猩和耶罗恩的时期。由此可见，个体之间的合作并不总是基于同情的，在成年雄性处于地位竞争期时尤其是这样。另一方面，雌黑猩猩与未成年黑猩猩通常会表现出具有同情偏向的干涉。若是将雌黑猩猩作为一个群体来看的话，那么，她们的偏袒性干涉的比例就在 75% 左右。她们对冲突进行干涉在很大程度上是为了帮助亲属或好友，这表明她们的干涉只是对群体中的事件的自然反应，而不是把干涉当做获得统治地位的一种手段。由此可见，两性之间在干涉行为上存在着性别差异，这是不可否认的。用最简单的术语来说，这种差异在于：一种是出于私情而做的保护性干涉，另一种则是地位导向的理性干涉。这一说法是不是听起来很熟悉呢？是我在任由自己被自己的偏见所支配呢，还是这的确是黑猩猩与人类之间的又一个惊人的相似性呢？

　　若是在人类的范围内讨论问题的话，性别差异通常都是有争议的。围绕着性别差异到底是来源于先天因素还是环境因素而展开的争论，许多女性主义者和社会科学家都强调后一种因素而尽可能地弱化前一种因素。这种二分法让大多数生物学家都感到不安，我们相信人类做的任何事情都是由众多的影响因素共同决定的。眼下，公众的意见又再一次回到了这一见解。男人与女人在遗传、解剖、激素、神经与行为上都是不同的，将最后一种差异与其他四种差异隔离开来是完全没有意义的。说完这句话后，我们同样要说：不同性别的个体的行为差异并不一定来自对每种性别的行为"下指令"的基因程序——这一点同样是清楚的。这种完全用本能来解释两性间的行为差异的方法甚至不能解释我们所观察到的个性差异，同样不能解释社会环境对于个体行为的明显影响。

随着时间的推移，我已经改变了关于黑猩猩两性间的行为差异的观点，从将它们解释为先天的行为倾向到将它们看作是两性不同的社会目

标的反映。如果不同性别的社会成员试图从生活中获得不同的东西，那么，显然，我们可以期待他们表现出不同的行为，通向目标 X 的道路需要一种不同于通向目标 Y 的道路所需要的行为策略。这些策略并不需要在遗传上特别化，它们会通过经验与学习而得到发展。

　　雌黑猩猩们倾向于避免竞争，在自然栖息地中，食物的分布状态要求她们散布在森林中以便得到足够吃的东西。她们也有一种创造安全环境以便养育她们的后代的兴趣，这可以解释她们在某种被迫与成年雄黑猩猩们生活在一起的场所——例如阿纳姆动物园——中所起的调解作用。这也可以解释为什么她们支援的是较为年长的已然被公认的首领而不是像尼基那样的年轻的暴发户。社会的稳定符合她们的利益。另一方

　　第 227—231 页上的照片显示了黑猩猩们制造和使用工具的情景及为了能采到被电栅栏保护起来的那些树上的鲜嫩树叶而进行的合作。前页，高高地悬挂在一棵已经枯死的橡树上的尼基正在试图折断树枝；本页，尼基正在将一根分杈的树枝从底端掰开。

本页，一根树枝从树上掉下来并断成了两半。地上的鲁伊特握着其中的一半，但这一半对于他们想要派的用场来说太短了；这时，尼基仍在树上，他折断了另一根更长的树枝并把它带了下来。

上，鲁伊特从尼基手中接过那根长树枝并把它搬到被电栅栏保护着的那棵树旁，其他的黑猩猩跟在他后面并激动地吼叫着。下左，鲁伊特将树枝开权的那端支在地上，从而将那根树枝支了起来；下右，现在，尼基将开权的那端朝上、较粗的那端朝下，让它能提供更大的支撑力。

尼基紧紧地固定着那根树枝，鲁伊特借助那棵树枝避开了电栅栏、爬上了那棵树。

面，对于雄性们来说，稳定只有在他们处于顶层的时候才是好的。雄性们演化出了这样一种倾向：他们倾向于建立一种以等级制方式组织起来的组织严密的群体，并在其中寻求凌驾于其他个体之上的统治地位。在自然栖息地中，雄性之间得互相依赖；在与邻居之间的领域冲突中，合作与否更是一件生死攸关的事情。雄性的生殖活动是以谋求可供交配的雌性的数量和由他"播种"的后代的数量的最大化的方式进行的，其中，前一种最大化取决于群落所占领地的大小，后一种最大化则取决于雄性在等级社会中的地位。

关于人类在两性结盟行为上的差异，我们又知道些什么呢？社会心理学家约翰·鲍德与埃德加·维耐克两位组织了一些由两男一女或两女一男的三人小组，让他们参加一种竞争游戏，在这种游戏中，个体之间互相结成联盟会增加赢的机会。经过 360 次这种游戏后，他们得出结论：关于结盟，男人们会采取更多的主动，尤其是在借此而有所获得时；而女人们则认为玩游戏的气氛才是更重要的。女人们支持弱势的游戏者，并会联手对抗男性的竞争。尽管女性的结盟策略与男性的结盟策略所产生的结果是相似的，但在结盟策略的性质上是完全不同的；社会心理学家们称：女人联盟（大多）旨在彼此间和谐关系的维护，男人联盟（大多）旨在利用他人来获取私利。这样的研究已经做了许多，这些研究都指向同一个方向：在竞争活动中，男人都是志在获胜并注重战略考量，女人则对个体之间的接触更感兴趣并主要与自己所喜欢的人结盟。

利用式的结盟以及与之相伴生的机会主义在政治活动中表现得最为明显。人类学与政治学研究表明：女人们感兴趣的是本地而不是远方的政治事务，男人们则对牵涉面"大"的政治现象更感兴趣并被所在社会权力中心所吸引。由于两性在政治行为上的差异是普遍的，因而，迪尔登在汇编这一主题的相关文献时，将重点放在了两性不同的生物因素而非社会-文化因素上。然而，两性间的行为差异始终只是一种统计意义上的性质。我们都知道，在人类的政治活动中存在着一些相对于这一规律来说的例外；同样，在黑猩猩的世界中无疑也存在着这样的例外。那些看到通过与非常熟悉的伙伴合作就会有机会成功的雄性当然会这么做。贡贝河流域的黑猩猩兄弟法本与费甘之间的合作就是这种现象的一个例子。反过来说，正如前面的相关内容已经表明了的那样，雌性们也并不总是对权位完全不感兴趣。如果没有反抗，大妈妈是不会不加抵抗就放弃她以前在群体中的最高地位的；而在雄黑猩猩之间的权位更迭中，尤其是第一次更迭中，雌黑猩猩们也扮演了积极的角色。

大量雌黑猩猩长期共同生活在阿纳姆圈养区中，这一事实给予她们的政治影响要比生活在野外的黑猩猩团伙所给予的大。如果环境在决定两性所起的作用上起着如此重要作用的话，那么生物因素所起的作用又如何呢？社会学家雨果·哈尔托赫曾以"最小的建议"来回答我的问题：高级别个体可望得到最高职位，所以，他们会有实施进取性策略和威胁的动机；而低级别阶层则没有这种激励因素，因而，他们会以稳定、忠诚和友好的合作来应对高级别成员的压制。成年雄黑猩猩们由于体力优势而构成了第一等级，他们的行为也与这种优势和地位相应。换句话说，遗传对两性的行为影响被限制在了两性间的体力差异上；由于体力差异会造成等级差异，因而，就两性间的角色差别而言，这一差异是具有重大意义的。

这一假设是非常吸引人的。它惟一的缺点是不能解释人类的结盟行为的性别差异（除非男人和女人在体形大小与力量上的差异在人类社会中起着比我们通常所认为的更重要的作用），而在结盟行为上，人类与黑猩猩是如此惊人地相似。总之，尽管行为绝非全都是遗传的，但遗传的影响还是有可能比人们以往所认为的要大。为了区分这两者，我们有必要用两个小组来做一个实验：一组纯粹是雌性，而另一组纯粹是雄性。雌性组中居最高等级的雌性个体们将会与雄性组中最高等级的雄性们处于同样的境况。这样的境况会使得雌性也变成采用利用性策略的机会主义者吗？而从雄性这方面看，我们也将会看到，就像处在同等地位上的雌性一样，雄性组中的低级别雄性也会采取彼此忠诚与互相保护的态度。但在没有做过这样的实验之前，我不敢预测结果会是什么。

分　享

　　刚才，我们从我们的观察塔的窗口扔出了一大堆橡树叶。接着，我们就看到耶罗恩在全速靠近那堆树叶，他一边跑一边进行着气势汹汹的武力炫示，没有任何一只其他的黑猩猩敢走近那些树叶。耶罗恩将所有的树叶集成一堆，但 10 分钟后，群体中的每一成员，从大到小，都分享到了这一意外获得的食物。对于那只成年雄性耶罗恩来说，他自己占有多少数量的树叶是不重要的，重要的是由谁来做这种在群体中分发食物的工作。（然而，这只适用于偶然获得的额外食物。正如美国好罗曼黑猩猩群体中所发生的那样，主食与饥饿都会引起黑猩猩们的激烈争吵。）雌黑猩猩则倾向于主要与自己的孩子和好友分享食物，并的确也会因食物分配而与其他成员争吵。在阿纳姆黑猩猩群落中，以暴力夺取食物的事情是极为罕见的；分享是某种黑猩猩从小就在学习的东西。举个例子：雌黑猩猩乌尔发现一根长着许多树叶的树枝，小雄黑猩猩丰士哀嚎着抓着那根树枝朝自己这边拉，但毫无所得。乌尔最好的朋友安波走向这对正在争吵的黑猩猩，她从乌尔手中拿过那根树枝，折下一部分给了丰士，又折下一小点给了自己，最后将最大的那部分还给了乌尔。

　　自然栖息地中的黑猩猩会在打猎之后分享肉食，这一点已为人们所知。成年雄黑猩猩会合作捕食，有时，这种合作是非常完美的；捕食成功后，群体的其他成员就会过来请求分享猎物。在阿纳姆黑猩猩群落中，在"猎"取被禁止食用的树叶的活动中，协同行动与分享收获也是常见的行为特征。雄黑猩猩会用长树枝当梯子爬上那些被电栅栏保护着的活树。起初，他们用的是就躺在附近的树枝，但后来他们就故意去折断那些已经枯死的橡树枝了。在离地大约 20 米高的树上用力将两根粗大、开杈的树枝分开来是一种极为危险的工作。诀窍在于折树枝时要紧握住不准备折断的一边，但又不要完全放开正在折断的那一边。如果出了差错，要么那折断的树枝会掉下来摔成片段，要么折树枝的黑猩猩会掉下来。幸运的是，没有一只黑猩猩曾这样掉下来过，尽管他们显然很难预测握住分杈的哪一边才更安全。有时，他们会被脚下的树枝折断的声音所惊吓，并会惊叫着迅速从那棵树上爬开。

如果一切都按计划进行，那么，那只折树枝的雄黑猩猩就会将那根树枝带到地面上，并把它竖起来当梯子使用，这种事情都是他与其他雄黑猩猩或有时与雌黑猩猩紧密合作完成的。树上的黑猩猩所折断的树枝远远超出了他自己所需要的，那些树枝就掉下来落在了等候在那里的群落成员之中。有时，食物分配是具有选择性的。有一次，尼基上树的时候，是丹迪在下面稳稳地护持着那根当梯子用的树枝，这样，尼基就可以放心地爬上那棵树了；后来，丹迪分到了尼基所采集的树叶的一半。这看起来是对提供服务者的一种直接回报。

雄黑猩猩们互相邀请合作完成某种任务的活动看起来经常像是为了消除他们所共同具有的紧张与挫折感。例如，以前特别是在尼基禁止他与耶罗恩有任何接触的那段时间，鲁伊特常常爬上某棵已枯死的橡树，折下一些树枝并发起协同行动。这种"减压性的合作"也可能是在无意之中出现的。例如，有一次，当耶罗恩与鲁伊特坐在一起时，尼基对他们进行了猛烈的威胁性武力炫示，其间，尼基的某个大跳意外地折断了一根树枝。随后，他们之间的对抗马上就被忘掉了。那三只雄黑猩猩互相拥抱了一会儿，而后就将那根断掉的树枝搬到了一些活着的树旁。

在人们看来，将为另一个群体成员把牢一根树枝这种行为看作一种刻意的帮助，比将其看作某个联盟形成的证据更加令人信服。分享树叶和肉食的行为同样可这么看。我们将这看作一种慷慨行为，这种慷慨行为要比让渡性特权或提供保护来得容易。但这两种形式的给予是具有相关性的。对于物质的东西，雄黑猩猩们慷慨得令人惊讶，他们甚至允许某些雌黑猩猩从他们那里拿走某些物品。在社会行为中，他们也会表现出这一特点（对待竞争对手的情况除外）。他们对其他成员的控制依赖于给予，他们对任何受到威胁的个体都给予保护并获得作为回报的尊敬与支持。

在人类中，物质上的慷慨与社会关系上的慷慨之间的界线也几乎是无法辨别的。心理学家哈维·金斯伯格与雪莉·米勒对人类儿童的观察已经证明，大多数居于优势或支配地位的儿童不仅会为了保护弱势者而对发生在操场或游戏场地上的斗殴进行干涉，而且也更愿意与同班同学们分享东西。这两位研究者认为，这种行为有助于一个孩子在同辈人中博得较高的地位。与此类似的是，从关于原始部落的人类学研究中我们得知，部落首领们也在扮演着可与控制角色相比的经济角色：他是富裕的，但他并不剥削他的人民，因为他会为他们举行盛大的宴会并帮助那些贫困者，他所收到的礼物和物品又回流到了群体之中。一个试图为自己保有各种东西的首领会使自己处于危险的境地。显贵者不能不具有高尚的品德，或者，如萨林斯所说："若要受人尊重，一个人就必须慷慨。"由首领或其在现代的对等之物即政府进行财物的征收与重新分配，这一普遍的人类制度与黑猩猩们所采用的制度完全相同。我们要做的所有事情就是将人类社会中的"财物"换成黑猩猩社会中的"支持与其他关照"。

在物质交换开始起作用之前的久远的过去，设想我们的祖先生活在中央集权式的社会组织中是完全合理的。这种最早的社会体系很可能一直在起着当前社会体系的蓝图的作用。

交互式报答

最近的过去的影响总是容易被给予过高的评价。当有人要求我们给出一个人类最伟大的发明的提名时，我们往往会想到电话、电灯与硅晶片，而不是轮子、犁与火的驯服。同样，人们会在农业、贸易与工业的到来中寻找现代社会的起源，而事实上，我们人类社会的历史要比这些现象的历史长上千倍。有人认为，食物分享是促进我们的互动式报答倾向的演化的一种强大动力因素。但如果我们设想社会关系上的交互式报答在更早的时候就存在了，而诸如食物的分享这样的有形的交换不过是由此所滋生的东西，那岂不是更合乎逻辑？

有迹象表明，在黑猩猩们的非物质行为中也存在交互式报答现象。例如，我们可以在他们的联盟（A 支持 B，反之亦然）、非干涉性联合（A 与 B 彼此保持中立）、性协商（A 以 B 为自己做护理为容忍 B 与雌性性交的条件）与和解前的勒索（除非 B "问候" A，否则，A 拒绝与 B 接触）等现象中看到这一点。有意思的是，交互式报答会以正面的与负面的两种意义出现。前面已经描述过尼基的这个习惯：他会逐个地惩罚不久前联手反对过他的雌黑猩猩们。就这样，他以一种负面的行动对另一种负面的行动作出了回报。在群体成员们分开来过夜之前，我们经常看到这种互报机制的运作。那正是纷争得到清算的时候，无论纷争是在什么时候出现的。例如，一天早上，大妈妈与乌尔之间爆发了一场冲突。乌尔跑向尼基，用狂野的姿势与夸张的高声尖叫来说服尼基去攻击她的那个强大的对手。尼基攻击了大妈妈，乌尔赢了。然而，那天晚上，也即在足足 6 个小时后，我们听到了从睡觉的地方发出的混战的声音。饲养员告诉我，大妈妈以毫不含糊的方式攻击了乌尔。不用说，那时尼基不在附近的任何地方。

人类学家和社会生物学家提出来的交互报答理论几乎没有涉及过负面的行为。那些关于这一主题的著名出版物的标题就足以证明这一点。1902 年，彼得·克鲁泡特金写出了《互助：一种进化的因素》；1924年，马赛尔·莫斯写出了《礼物》；1971 年，罗伯特·特里弗斯写出了《交互式利他主义的演化》。除了只强调正面的交换这一片面性外，这些书中的相关理论已经取得了很大的进步。某些人类学家否认人类的合作与团结的生物学之根，但对该现象的兼顾文化与遗传两种因素的综合解释不可能再被抵制得太久了。

另一个势头强劲的思想学派是社会心理学。1959 年，希鲍特与凯莱在《群体的社会心理学》一书中主张："仅仅当一种人际关系就它的报酬与成本来说充分令人满意的时候，一个个体才会自愿地进入并停留于这种关系之中。"自从该书出版以来，人际互动已被看做有利与不利行为之间的一种交易。在此，交互式报答也是一个重要主题，这里所说的交互报答既包括其正面形式也包括其负面形式。

简而言之，各种肤色与学派的科学家们都在为给予和获取之间的关系而着迷；这意味着予取机制肯定是一种非常基本的机制。无论是报恩还是报仇，其基本原理都是一种交换；最重要的是，这一原理要求当事者记得互报。这一过程很可能在很大一部分时间中是在潜意识之中发生的；但根据经验，我们知道：当成本与收益之间的差距太大时，事情就像泡泡冒出水面一样冒到表面上来了。正是在那个时候，我们才会表达我们的感情。然而，总体而言，交互报答是一种在无声无息之中发生的事情。

交换原理可以有效地教人懂得这样的道理：善行会得到奖赏，恶行会受到惩罚。大妈妈与尼基之间的关系的演变情况证明这种影响过程有多么复杂。他们之间的关系时好时坏。无数迹象表明，他们两个彼此都是很喜欢对方的。例如，在离开一个多月后又回到群体中时，大妈妈花了几个小时的时间来给尼基做护理，而不是给她通常与之共度时光的格律勒、吉米、耶罗恩或任何其他个体做护理。而在群落中的所有的孩子中，大妈妈的女儿莫尼克显然是尼基最喜欢的孩子。但在一段时间中，他们之间的关系中，敌对的一面占了上风，那就是尼基刚开始执政的时候。耶罗恩常常动员成年雌黑猩猩们反对那个年轻的首领，而大妈妈正是他的主要盟友。在这样的事件结束时，在尼基与耶罗恩和解后，他就会朝大妈妈走过去并因为她刚才扮演的角色而惩罚她。这种惩罚可能会花很长的时间，因为大妈妈通常会拒绝他随后的和解企图，以此反过来惩罚尼基。例如，尼基先是用掌打了大妈妈，但过了一小会儿后，他又会回来在大妈妈身边坐下，而后"害羞地"拔着一束束草。大妈妈装作没看见他，站起身来走开。尼基等上一会儿，而后又毛发竖立着重新开始他的惩罚，这显然是一个负面的交互式报答阶段。随着耶罗恩对尼基的反抗逐渐减弱，大妈妈也开始变得倾向于支持尼基。那时，她仍然支持耶罗恩，但当尼基与她讲和后，她就不再采取任何"感情上的报复"了，他们之间的冲突的时间也变短了。后来——这是一个延续几年的过程——在尼基与耶罗恩之间的冲突结束前，大妈妈会消解她与尼基之间的分歧。这一刻，两只较年长的黑猩猩还在追逐尼基，下一刻，就见大妈妈亲切地拥抱了他。后来，那两只雄黑猩猩之间的冲突仍在继续进行着，但大妈妈已经拒绝任何更进一步的介入了。

过了一段时间，群体内的形势变得更加奇怪了。在对耶罗恩进行威胁性武力炫示之前，甚至在炫示过程中，尼基都会亲吻大妈妈。这种行为是从他们之间的和解中逐渐演化出来的，后来，这种行为在此前没有任何冲突的情况下也会发生了。这种行为可以看作大妈妈保持中立的一个标志。尼基与大妈妈所展示的是正面的交互式报答。

我曾经通过比较每一个个体怎样干涉其他个体之间的冲突做过一个关于联盟的双向性质的统计研究。在等级秩序稳定的时期中，这样的干涉无论在正面意义（两个个体互相支持）还是负面意义（两个个体都支持彼此的对手）上都是对称的。然而，如果我们想要得到一个关于交互报答的完整描述的话，那么，我们还得去分析更多类型的行为。干涉不一定要用其他的干涉来抵偿。经常得到支持的个体可能会以更大的宽容或为其做护理来报答支持者。或许，我们终将能够在阿纳姆作这样一个分析。目前，我想暂且总结如下：黑猩猩群体的生活就像一个彼此交换着权位、性、友爱、支持、不宽容与敌意或对抗的市场。这一市场所遵循的两条基本规则是：一、"善有善报"；二、"以眼还眼，以牙还牙"。①

　　这些规则并不总是被遵守，但明目张胆的违反会受到惩罚。在一次普伊斯特支持鲁伊特驱赶尼基的事情过后，这种惩罚就曾经发生过。事后，当尼基对普伊斯特进行威胁性武力炫示时，普伊斯特转身面对着鲁伊特并伸出一只手以寻求支持。然而，鲁伊特却没有做任何可以使她免受尼基攻击的保护工作。普伊斯特立即对鲁伊特发起攻击，她凶猛地咆哮着，赶着他横穿了整个圈养区，甚至打了他。如果她的愤怒事实上是鲁伊特在得到她的帮助后却没能帮助她所导致的结果，那么，这种现象所告诉我们的就是：就像人类一样，黑猩猩之间的交互报答行为同样是由道德上的公平与正义感所支配的。

---

① 自从《黑猩猩的政治》问世以来，我所投入的大量研究都是关于黑猩猩与其他灵长目动物的互报性交换行为的，包括结盟、食物分享以及诸如波诺波中的以性换食物和黑猩猩中的以食物换护理等不同"流通物"之间的交换。或许，耶基斯灵长物研究中心里的黑猩猩群落可以为交互报答提供最有说服力的证明；在那里，在进行一项食试验前的早晨的时间中，我们用摄影的方式对群落中的护理活动进行了记录。我们朝圈养区扔进两大捆树枝和树叶，当成年黑猩猩中的某些个体（我们应该确定：并不是每次都是同一些个体）将那两捆树枝和树叶拿到手后，分享立即就会开始。我们的资料表明：在 A 刚给 B 做过护理的情况下，A 能从 B 那里得到食物的机会就会更大。A 所做的护理与 A 自己的分享无关，也与 B 与其他个体的分享无关。迄今为止，交换特性在任何一种其他动物中都尚未得到证实。这意味着黑猩猩记得他们所受到的服务并给予回报。参见本书参考文献中的德瓦尔 1989b、1997b 以及莱斯利·勒特雷尔 1988 年的文献。

结　论

　　并非这一研究的所有结论都普遍适用于黑猩猩，因为控制着社会生活的规律部分地依赖于群体的生活条件和历史。每个群体都发展出了它自己的传统。另一方面，这样的变化总是围绕着各个物种各自所特有的某些基本主题转的，阿纳姆黑猩猩群体的主题与其他黑猩猩群体并没有什么两样。阿纳姆黑猩猩研究项目之所以发现了那些在自然栖息地中进行的研究所没有发现的群体生活的复杂性，仅仅是因为我们能详细得多地观察这些猿。

等级秩序的形成

　　等级秩序是逐渐形成的。当等级秩序变得模糊不清时，一场支配地位争夺战就会随之而发生；争夺战过后，只要赢家的新身份还没有被正式承认，他就会拒绝和解。

个体对群体的影响

　　一个个体对群体的影响并不总是与他或她的等级地位相对应的。这种影响也与个体的个性、年龄、经验以及社会关系有关。我认为，阿纳姆黑猩猩群落中的最年长的雄性和最年长的雌性是对群体影响最

从左到右：安波、泰山、特普尔、格律勒。

大的成员。

联　盟

对冲突进行干涉，要么是为了帮助亲友，要么是为了增进权力和地位。（利用性的）机会主义式的干涉特别容易在成年黑猩猩联盟的形成过程中看到，这种干涉总是与孤立政策相伴并行。有证据表明，在干涉行为上，人类与黑猩猩有着同样的性别差异（即：雌性的干涉主要是为了帮亲友，雄性的干涉主要是为了谋权位）。

平　衡

尽管雄黑猩猩之间会互相竞争，但他们还是会形成牢固的社会联系。他们倾向于建立一个基于联盟、个体的战斗能力及雌黑猩猩们的支援的多种力量平衡的社会管控系统。

稳　定　性

雌黑猩猩之间的关系较少采用等级制的形式来组织，她们之间的关系也要比雄黑猩猩之间的关系稳定得多。雌黑猩猩们对社会稳定的需要也会在她们对雄性间的地位竞争的态度上得到反映。她们甚至会在雄黑猩猩之间进行调解。

交　换

在黑猩猩们的群体生活中也可以看到人类经济系统中的交互式利他

渴了的黑猩猩们在接饮从一个屋顶上掉下来的雨水。左：吉米；右：特普尔

性交易和集中化特征。他们所交换的是社会利益而不是礼物或物品，他们的支持流向一个居于中心地位的个体，这个个体（首领）用从群体成员的支援中获得的威望来为社会提供安全保障。这是他的责任；因为，如果他不能给他所得到的支持以回报，他就保不住他的职位。

操　纵

黑猩猩是富于智谋的操纵者，他们的能力在他们制作和使用工具的活动中就已表现得足够明显了，但在将其他个体作为达到自身社会性目的的手段来使用上，他们的能力表现得尤为突出。

理性的策略

黑猩猩们有可能会事先谋划他们谋求统治权位的策略。尽管我们还缺乏这方面的证据，但相关的实验研究所给出的建议是，我们至少应该对这个问题保持一种开放的心态。

性　特　权

高等级雄黑猩猩的性交频率通常比地位较低的雄黑猩猩的高。如果性交成功率会转化为繁殖成功率的话，雄黑猩猩为什么会演化出争权夺位的野心也就可以理解了。

在我看来，本研究最引人注目的成果是，它揭示了黑猩猩的社会组织似乎有两个层面。第一个层面是界限分明的等级秩序，至少在那些最强势的个体中是如此。尽管灵长目动物学家们花了大量的精力来讨论"统治秩序"的价值，但他们都知道，要否认这种等级结构是不可能的。争议不在于这种等级秩序是否存在，而在于关于等级关系的知识在何种程度上有助于解释各种社会过程。我认为，如果我们只注意形式上的等级秩序，那么，由此作出的解释的确就会是非常差的。所以，我们还应该看看这一层面背后的第二个层面：一个由各种有影响的身份地位组成的网络。这种身份地位要比形式上的等级关系难界定得多，我考虑用"影响力"和"权位"这样的术语来描述，但这只是一个不完善的初步尝试。不过，我所看到的是，丧失最高地位的个体肯定没有陷入被遗忘的境地，他们仍然能够暗中操纵许多事情。同样，一个正处于等级上升期的个体初看起来似乎就已经是大老板，但他也并不是在所有的事务中都自动具有最大的发言权。如果不用人类的术语就难以解释黑猩猩社会结构的这种二元性，那是因为在我们人类社会中也存在着非常相似的幕后操控和影响。

当亚里士多德将人称为政治动物时，他不可能知道他的这一说法到底有多么贴切。我们人类的政治活动看来是与人类的近亲动物们所共享的某种演化的遗产的一个部分。我开始在阿纳姆工作之前，如果有人跟我说这样的话，我会将它看作只不过是一个类比，并会拒绝这样的看法。然而，我在阿纳姆的工作所教给我的却是：政治的根比人类更古老。有人指责我有意或无意地将人类的模式投射到了黑猩猩的行为之上，但这种指责也是不正确的。相反的说法倒更接近事实；我的关于黑猩猩行为的知识和经验已将我引上了从另一种视角来看待人类行为的思路了。

如果我们宽泛地将政治界定为获得并维持会影响他者的社会地位的社会操纵的话，那么我们就可以说，政治牵涉到每一个人。在中央与各级地方政府之外，我们还会在我们的家庭、学校、工作及聚会场所中遇到政治现象。每天，我们都会引起冲突或参与到他人的冲突中去。我们既有支持者也有对手，我们培育着有用的社会关系。但这种日常的不经意的政治活动并不总是像这样被认可，因为人们都是掩饰自己的真实意图的老手。例如，政治家们会大声嚷嚷他们的理想和承诺，但对自己私下里对于权位的热望则会小心翼翼地掩饰着，以免暴露出来。这样说并不是在责备，因为毕竟每个人都在玩同样的游戏。如果走得更远一点的话，那我还想说，对这一点——我们正在玩一场游戏，并在玩的过程中不仅对他人隐瞒动机且低估它们对我们行为的巨大影响——我们在很大程度上是无意识的。黑猩猩们则不同，他们会相当公然地表现着他们的"（比人类）更卑下的"动机。黑猩猩们对于权位的兴趣并不比人类的大，只不过比人类的更明显而已。

在差不多 5 个世纪前，马基雅弗利毫不含糊地描述了意大利境内的君主们、教皇们以及像美蒂奇和博尔亚斯家族这样的势力显赫的豪门大族的政治操纵。不幸的是，他的令人赞叹的现实主义分析却常常因为这些实践活动的道德理由而被误解。其中一个理由是他将竞争与冲突表述成了建设性而非否定性的因素。马基雅弗利是第一个拒绝批判或掩盖权位动机的人。这对于已然存在的集体谎言的这一背叛并未被人们善意地接受，而是被人们看成了对人类的侮辱。

　　将人类与黑猩猩相比较也可能会被看作是对人类的不折不扣的侮辱，甚至可能比这还要严重，因为这种比较的结果是，人类的动机似乎变得更具动物性了。然而，在黑猩猩中，（以支配权及相应地位为核心的）权位政治并不仅仅是"坏的"或"脏的"，它们给阿纳姆黑猩猩群体的生活带来了逻辑上的一致性，甚至带来了一个民主化的社会结构。群落中的所有派别都在寻求自身的社会意义并会继续这样做下去，直至达到一个暂时的平衡。这一平衡决定了群体成员们在新的等级秩序中的位置。至此，各种变化着的社会关系到达了一个"冻结"点，在这个点上，各种社会关系构成了或多或少固定的各种等级。当我们在和解期间看到等级秩序是怎么形成时，我们就会懂得，等级秩序是一种给竞争与冲突加上限制的凝聚性因素。照料孩子、玩游戏、性爱与合作都依赖于由此而来的稳定性。但在相对稳定的表面下，群体内的形势总是处在不断流动变化的状态中。权力平衡每天都在受到测试，如果结果表明这种平衡性太弱，那么，它就会受到挑战，然后，一个新的平衡就会建立起来。由此可见，黑猩猩的政治也是建设性的。人类应该将被看作政治动物当成一种荣耀。

结 束 语

　　我在这本书中报告的情况到 1979 年为止，但此后，阿纳姆的动物行为学观察仍然在继续，而那些黑猩猩们显然也从来没有停止过他们的政治活动。1980 年，我仍然在那里的时候，发生了一件极具戏剧性的事件，但我决定不在《黑猩猩的政治》的第 1 版中叙述这件事，以免这本书结束在一页黑暗的记录上。况且，那时我也没有在情感上做好去分析这一令人震惊的事件的准备。我将这个故事留给了我的第二本书：《灵长目动物如何谋求和平》，在那本书里，这个故事被用来提醒人们，黑猩猩们是多么需要和解。

　　1980 年夏天，当时的雄 1 号尼基在一段时间中表现得越来越不宽容，这导致了他与耶罗恩的突然决裂。尼基不让耶罗恩与处于发情期的雌黑猩猩们性交。在他们俩之间爆发了几次严重冲突后，耶罗恩撤销了他对尼基的支持。一夜之间，鲁伊特填补了群落最高权位的真空。尼基每天匍匐在地上对他卑躬屈膝，这标志着鲁伊特又重新成为威风凛凛的雄 1 号。这一事件表明，尼基能待在群体的最高位置上是多么地需要依靠耶罗恩的支援，而那只老雄黑猩猩又曾经一直多么密切地关注着他的这场交易的结果。

　　这一次，鲁伊特的雄 1 号地位只维持了 10 个星期。耶罗恩与尼基又恢复了他们之间的联盟，并在一个夜晚发动了一场血腥的复仇事件，在这一事件中，他们俩联合起来重创了鲁伊特。除了咬掉鲁伊特的手指

　　阿纳姆动物园的黑猩猩繁殖记录至今没有被超越过，尽管有死亡和被转移的情况，园中的黑猩猩群体还是一直保持着"猿"丁兴旺的势头。本图展示的是：特普尔提供了一个黑猩猩新生婴儿被收养的难得的范例。

和脚趾并使得他遍体鳞伤外，这两个攻击者还摘除了鲁伊特的睾丸，事后，那两个睾丸在那只笼子的底板上被发现了。[①] 在那场发生在一只夜笼中的战斗中，在场的只有那三只高等级的雄黑猩猩；最后，鲁伊特由于失血过多而死在了手术台上。面对受害者所受到的巨大的伤害与另外两只雄黑猩猩所受到的相对很少的伤害，我们不得不假定：尼基与耶罗恩之间的合作达到了一个非同寻常的水准。下面是第二天所发生的事情：

我们将尼基与耶罗恩放进了群体。群体中马上出现了一场由普伊斯特发起的针对尼基的异常凶猛的攻击。她所保持的攻击性是如此持久，以至于尼基不得不逃到了一棵树上。普伊斯特独自一个将尼基困在那里至少有 10 分钟之久，每当尼基想下来时，普伊斯特就会尖叫并将他赶回去。普伊斯特一直是鲁伊特在雌黑猩猩中的主要盟友。她肯定跟踪了那场战斗，因为从她的夜笼中可以看得到关雄黑猩猩的围栏。后来，在那个白天中，群体成员都对那两只雄黑猩猩表现出了高度的兴趣，给他们俩护理毛皮并查看他们两个的伤情。从那天起，丹迪就扮演起了一个比以往任何时候都重要得多的角色。他反复地寻求着与耶罗恩的接触并反抗着尼基的离间企图（摘自《灵长目动物如何谋求和平》）。

就这样，在阿纳姆黑猩猩群体的历史上最令人恐怖与厌恶的一次攻击发生后的次日，一个新的三角关系出现了。丹迪、尼基和耶罗恩开始重复我们在以往的岁月中在原来的权位三角关系中已看到过的所有变动过程。差不多与此同时，西田利贞发表了一篇描述坦桑尼亚的马哈尔山上的黑猩猩之间的三角关系的论文，在那个三角中，一只较年长的雄黑

---

① 关于鲁伊特的这一事件，德瓦尔在其 1986 年的文献中有详细的描述。简·古道尔在其 1992 年的文献中也曾报告过贡贝河国家公园中发生的一场针对一只叫高柏林的雄黑猩猩的群体攻击事件，这场事件也导致高柏林的阴囊受到严重伤害。如果不是受到兽医的治疗的话，那么，这种伤害极有可能会使高柏林丧生。这一事件与阿纳姆动物园中的那一事件还有更进一步的相似性：对高柏林的攻击出现在同一个群体中；而在野生黑猩猩中，典型的致命的暴力行为通常只出现在不同群体的雄黑猩猩们之间。

如今，阿纳姆黑猩猩群体像以往一样活跃而富于变化。想要在新面孔中认出某些老"角色"也不是一件困难的事。例如，我们在丰士的面孔中看到了鲁伊特的样子（上左），在茹丝耶的面孔中看到了克娆姆的样子（上右）。施媖的女儿莎波若（下页）则长得像她的亲兄弟乌特。施媖于 1988 年去世，在她去世之后，莎波若是由吉米养大的。她现在已经有了一个她自己的孩子——迅速成长中的第三代中的一员。

猩猩狡猾地使两只既比他年轻也比他强壮的雄黑猩猩陷入了互斗。通过在他们的争斗，尤其是性竞争的争斗中有规律地改变自己所支持的那方，那只较年长的雄黑猩猩使得另两只雄黑猩猩不得不依赖于他并增加了自己在性交方面的成功机会。这一描述让我不由得想起了耶罗恩的行为。西田还谈到"忠诚的无常性"并认为这可能是后盛年期的雄黑猩猩们所采用的一种普遍策略。

　　1983 年，闻名荷兰全国的电影制作人贝尔特·海恩斯特拉到阿纳姆来拍摄关于那些黑猩猩的电影。由于事先读过我的书，所以，他期待着能拍到许多关于政治计谋的内容；但不巧的是，那段时间，群体正处在尼基稳稳地控制着局势的一个相对稳定期。海恩斯特拉并未因此而受挫，他决定拍它整整一个夏季，天天都拍。他的耐心得到了回报。那部令人惊叹的电影《黑猩猩家族》展示了那些黑猩猩的真实个性，展现了

黑猩猩们的社会性智能，做了以往任何一部纪录片都从来不曾做过的事情。经电视播出后，这部电影又成了在全世界风靡一时的一档电视节目。电影制作完成前，我已经离开了荷兰；当我第一次看到它时，我热泪盈眶，由于拍摄者对于拍摄对象的那份深情关注，我的所有的灵长目老朋友们都被精心地描绘了出来。

次年，即 1984 年，耶罗恩与丹迪在朝着反尼基联盟前进并已前所未有地接近这个联盟。耶罗恩已经停止支持尼基，并越来越激烈地反抗着尼基想要将他与丹迪分开的努力。那时，尼基肯定处在一种前所未有的紧张不安之中，有事实可证明这一点：一天早晨，他全速从那供夜宿用的建筑物中冲了出来，并听到其他的黑猩猩在他的后面尖叫与吼叫，他直接冲向了环绕着圈养区所在的那个岛的护河。在差不多正好一年前，尼基曾设法踩着一层薄冰越过了那条护河，也许当时他在想，他还能重现那次壮举吧。然而，这一次护河上没有冰，尼基就这样在河里淹死了。当地报纸在报导这件事时称之为"自杀"，但它更可能是一次令他惊慌失措的攻击所导致的致命的结果。

随着尼基的死亡，耶罗恩与丹迪之间的亲密关系就像水蒸发了一样。竞争不出所料地如约而至。丹迪成了新的雄 1 号。但正如《黑猩猩家族》在群体中放映时所激起的骚动反应所显示的那样，尼基的幽灵仍然在群体中游荡。1985 年的一个晚上，圈养区内作为黑猩猩群体冬天生活场地的"冬厅"变成了一座电影院。随着所有的灯光暗淡下来，电影被投映在了一面淡颜色的墙上。那些黑猩猩寂静无声地观看着，有些黑猩猩的毛发完全竖立了起来。当出现一只雌黑猩猩被几只青春期雄黑猩猩攻击的镜头时，我们听到了几声愤怒的咆哮声，不过那时，对那些黑猩猩是否真的认出了那些"演员"我们仍不清楚。直到尼基在电影里出现的时候，我们才弄清楚这一点。在一个大大的神经质的露齿似笑的表情中，丹迪露出了他的牙齿并尖叫着跑向耶罗恩，他拥抱了耶罗恩，并完全坐在了他的膝上。耶罗恩的脸上也露出了一个不怎么明确的露齿似笑的表情。毫无疑问，那两只雄黑猩猩都已经认出那位已故的前首领。正如我的接任者奥托·亚当所解释的那样：尼基的"复活"导致了他们之间的旧联盟的临时性恢复！

在接下来的岁月中，本书中的几个关键"人物"因自然原因而去世了。这些"人物"包括耶罗恩、克娆姆与施嫔。另一些则迁移到一些遥远的动物园中去了，这些黑猩猩包括群落建立初期出生的几只年轻的雄黑猩猩以及亨妮与普伊斯特，再加上她们的后代。阿纳姆黑猩猩群落是世界上最成功的黑猩猩繁育群体，在这里出生的黑猩猩总数已达 75 只，并且，这个数字还在继续增加着，死亡与迁移从未对这个群体造成过威胁；至今，它仍然拥有 30 多个个体。

除了我的报告（即本书正文）中出现过的那 4 只成年雄黑猩猩外，在阿纳姆黑猩猩群落中做过雄 1 号的还有泰山、丰士和金——乔纳斯的弟弟，以及最近的雄 1 号嘉姆伯——格律勒的儿子。但总的说来，雌性是比雄性更好的生存者。随着丹迪因心力衰竭而死，阿纳姆黑猩猩群体中最早的所有雄黑猩猩都已经去世了。但在动物园于 1996 年庆祝建园 25 周年时，大妈妈、格律勒、安波、吉米、特普尔和茨瓦尔特仍然健在并出席了庆祝活动。新的一代也在不断来到，例如茹丝耶和莫尼克的后代。

我经常回荷兰去看望家人与朋友，包括我的那些猿类老友们。我大约每年去访问阿纳姆黑猩猩群落一次，而我至今仍然能被老一代认出来。每次我去的时候，大妈妈都会拖着她那把患有关节炎的老骨头到护河边来欢迎我，并以伴着喘气的咕哝声来向我表示问候。而格律勒可能是群体中最幸福的了。自从我教她怎么用奶瓶来喂养茹丝耶以来，我们之间就有了一种特殊的关系。每次看到这些黑猩猩，想起自己曾经在对的地方和对的时间看到过一出戏剧的上演，想起这出戏剧使我得以可能去质疑人们所普遍接受的关于政治的起源的教条，我的心中仍然会充满感恩之情。

鸣　谢

从某种意义上说，这项研究是强大的荷兰动物行为学传统的产物。我这样说，不是指那种完全属于我个人的对人与动物的思辨性比较，而是指那种耐心的观察和严谨的记录的研究方法。对我影响最大的动物行为学家是简·范·霍夫。

在我于 1975 年来到阿纳姆前，我曾经与他一起在乌得勒支大学工作过 4 年。在那之后，在我研究黑猩猩期间，我仍然是他所在的大学和系中的一员。由于这个原因，这本书中的发现和理论问题几乎没有什么不是简与我曾经详尽地讨论过的。

我是被我的两个学生——简·布林库斯和罗布·斯莱格尔——引导到黑猩猩行为的研究之路上来的。后来，我在阿纳姆做黑猩猩研究项目的协调工作，在此期间，我曾经与许多轮流来此工作的学生共

1980 年时的作者，当时，他正在写《黑猩猩的政治》一书（凯瑟琳·麦林摄）。

事，每年大约 4 个。这个项目激发了他们的热情，我也从他们的精确观察中获益良多。学生们对于发生在这个黑猩猩群落中的各种事件的持续不断的讨论对我来说总是一种巨大的刺激。我要感谢的有：奥托·亚当、迪尔克·福克马、阿加斯·福尔廷·德罗格勒韦、格罗滕胡伊斯、

鲁德·哈姆森、罗布·亨德里克斯、扬内克·胡克斯特拉、基斯·尼乌文赫伊森、罗纳德·诺亚、特里克斯·皮珀斯、马里克·波尔德、阿尔贝特·拉马克斯、安格琳·范·罗丝马伦、克劳迪亚·罗斯卡姆、弗雷德·劳夫以及玛丽艾特·范·德尔·维尔。我还要感谢那几位比我还早就来到阿纳姆工作的学生,他们是:居斯特·莫伊伦布鲁克、泰德·波尔德曼以及提歇·范·伍尔芙藤·泡斯。

我们的研究工作是在乌得勒支大学比较生理学实验室的赞助下进行的。这个实验室向我们提供了有关的文献,分析了学生们的发现,维修了我们的设备,还以许多其他的方式向我们提供了帮助。因此,我还要感谢该实验室的所有成员以及为项目提供经费的乌得勒支大学。后来,在我每次回访时,在那里工作的学生们和动物饲养员们,尤其是雅基·霍梅斯(最近 17 年来他一直在照料着那些黑猩猩)都会为我指出那些新的和因长大而改变了许多的个体;对此,我也向他们表示感谢。对于这次的修订版,我要对美国耶基斯灵长目动物研究中心的摄影师弗兰克·基尔南表示感谢,他以专业的技术帮我将我的一些已有 21 年历史的底片翻印成了照片。

与我现在在一台文字处理机上直接用英文写作不同的是:《黑猩猩的政治》的原稿是我用铅笔和我的母语荷兰语在纸上写下的手稿。后来,这份手稿由珍妮特·米尔恩斯熟练地翻译成了英文。我衷心地感谢德斯蒙德·莫里斯与汤姆·马什勒对我的信任,是他们激励我以一种通俗的风格写作,并通过让这本书以英文出版使我赢得了众多世界各地的读者。最后,我想要感谢的是我的妻子凯瑟琳·麦林。她帮我使这本书保持了一种简洁明了的风格,还与我交流了她的摄影知识,更不用说她那时和现在所给予我的爱和支持了。

参考文献

Alexander, R. (1975). "The Search for a General Theory of Behavior." Behavl. Sci. 20: 77 - 100.

Asquith, P. (1984). "The Inevitability and Utility of Anthropomorphism in Description of Primate Behaviour." In The Meaning of Primate Signals, ed. R. Harre and V. Reynolds. Cambridge: Cambridge Univ. Press.

Baker, K. C, and B. B. Smuts (1994). "Social Relationships of Female Chimpanzees: Diversity between Captive Social Groups." In Chimpanzee Cultures, ed. R. W. Wrangham, W. C. McGrew, F. B. M. de Waal, and P. Heltne. Cambridge: Harvard Univ. Press. Pp. 227 - 42.

van den Berghe, P. (1980). "Incest and Exogamy: A Sociobiological Reconsideration." Ethol. Sociobiol. 1: 151 - 62.

Bernstein, I. (1969). "Spontaneous Reorganization of a Pigtail Monkey Group." Proceedings 2nd Congress IPS, Atlanta 1968, vol. 1: 48 - 51. Basel: Karger.

Bernstein, I. (1976). "Dominance, Aggression and Reproduction in Primate Societies." J. Theor. Biol. 60: 459 - 72.

Bernstein, I. , and L. Sharpe (1966). "Social Roles in a Rhesus Monkey Group." Behaviour 26: 91 - 103.

Bindra, D. (1976). A Theory of Intelligent Behavior. New York: Wiley. Pp. 313 - 19.

Boehm, C. (1994). "Pacifying Interventions at Arnhem Zoo and Gombe." In Chimpanzee Cultures, ed. R. W. Wrangham, W. C. McGrew, F. B. M. de Waal, and P. Heltne. Cambridge: Harvard Univ. Press. Pp. 211 - 26.

Boesch, C. (1991). "The Effects of Leopard Predation on Grouping Patterns in Forest Chimpanzees." Behaviour 117: 220 - 42.

Bond, J. , and W. Vinacke (1961). "Coalitions in Mixed-sex Triads." Sociometry 24: 61 - 75.

Buss, D. M. , R. J. Larson, D. Westen, and J. Semmelroth (1992). "Sex Differences in Jealousy: Evolution, Physiology, and Psychology." Psych. Sci. 3: 251 - 55.

Bygott, D. (1974). "Agonistic Behaviour in Wild Chimpanzees." Ph. D. thesis, Cambridge U. K. (unpublished).

Byrne, R. , and A. Whiten, eds. (1988). Machiavellian Intelligence. Oxford: Clarendon.

Cheney, D. L. , and R. M. Seyfarth (1990). How Monkeys See the World: Inside the Mind of Another Species. Chicago: Univ. of Chicago Press.

Dasser, V. (1988). "A Social Concept in Java Monkeys." Anim. Behav. 36: 225 - 30.

Dearden, J. (1974). "Sex-linked Differences of Political Behavior: An Investigation of Their Possibly Innate Origins." Soc. Sci. Inform. 13: 19 - 25.

Dennett, D. (1983). "Intentional Systems in Cognitive Ethology: The 'Panglos-sian Paradigm' Defended." Behav. Brain Sci. 6: 343 - 90.

Doehl, J. (1968). "Uber die Faehigkeit einer Schimpansin, Umwege mit selbstaendigen Zwischenzielen zu iiberblicken." Z. Tierpsychol. 25: 89 - 103.

Doehl, J. (1970). "Zielorientiertes Verhalten beim Schimpansen." Naturwissen-schaft und Medizin 34: 43 - 57.

Freud, S. (1921). Group Psychology and the Analysis of the Ego. London: Hogarth, 1967.

Gallup, G. (1970). "Chimpanzees: Self-recognition." Science 167: 86 - 87.

Gamson, W. (1961). "A Theory of Coalition Formation." Amer. Soc. Rev. 26: 373 - 82.

Gardner, R. , and B. Gardner (1969). "Teaching Sign-language to a Chimpanzee." Science 165: 664 - 72.

Gardner, R. , and B. Gardner (1977). "Comparative Psychology and Language Acquisition." Paper given at the XVth International Ethological Conference in Bielefeld, W. Germany (unpublished).

Ginsburg, H. , and S. Miller (1981). "Altruism in Children: A Naturalistic Study of Reciprocation and an Examination of the Relationship between Social Dominance and Aid-giving Behavior." Ethol. Sociobiol. 2: 75 - 83.

Goodall, J. van Lawick - (1968). "The Behaviour of Free-living Chimpanzees in the Gombe Stream Reserve." Anim. Behav. Monograph 3.

Goodall, J. van Lawick - (1971). In the Shadow of Man. London: Collins; Boston: Houghton Mifflin.

Goodall, J. van Lawick - (1975). "The Chimpanzee." In The Quest for Man, ed. V. Goodall. London: Phaidon.

Goodall, J. (1979). "Life and Death at Gombe." Nat. Geogr. 155: 592 - 621.

Goodall, J. (1986). The Chimpanzees of Gombe. Cambridge, Mass. : Belknap.

Goodall, J. (1992). "Unusual Violence in the Overthrow of an Alpha Male

Chimpanzee at Gombe." In Topics in Primatology: Vol. 1, Human Origins, ed. T. Nishida, W. C. McGrew, P. Marler, M. Pickford, and F. B. M. de Waal. Tokyo: Univ. of Tokyo Press. Pp. 131 – 42.

Griffin, D. (1976). The Question of Animal Awareness. New York: Rockefeller Univ. Press.

de Groot, A. (1965). Thought and Choice in Chess. The Hague: Mouton.

Hall, K. , and I. DeVore (1965). "Baboon Social Behavior." In Primate Behavior, ed. I. DeVore. New York: Holt.

Halperin, S. (1979). "Temporary Association Patterns in Free Ranging Chimpanzees; An Assessment of Individual Grouping Preferences." In The Great Apes, ed. D. Hamburg and E. McCown. Benjamin / Cummings, California.

Hausfater, G. (1975). "Dominance and Reproduction in Baboons (Papio cynocephalus); A Quantitative Analysis." Contributions to Primatology 7. Basel: Karger.

Hobbes, T. (1991 [1651]). Leviathan. Cambridge: Cambridge Univ. Press.

van Hooff, J. (1973). "The Arnhem Zoo Chimpanzee Consortium: An Attempt to Create an Ecologically and Socially Acceptable Habitat." Int. Zoo Yearbook 13: 195 – 205.

van Hooff, J. (1974). "A Structural Analysis of the Social Behaviour of a Semicaptive Group of Chimpanzees." In Social Communication and Movement, ed. M. von Cranach and I. Vine. London: Academic Press.

Hrdy, S. B. (1979). "Infanticide among Animals: A Review, Classification, and Examination of the Implications for the Reproductive Strategies of Females." Ethol. Sociobiol. 1: 13 – 40.

Humphrey, N. K. (1976). "The Social Function of Intellect." In Growing Points in Ethology, ed. P. Bateson and R. A. Hinde. Cambridge: Cambridge Univ. Press. Pp. 303 – 21.

Isaac, G. (1978). "The Food-sharing Behavior of Protohuman Hominids." Scientific American 238: 90 – 108.

Jolly, A. (1966). "Lemur Social Behavior and Primate Intelligence." Science 153: 501 – 6.

Kano, T. (1992). The Last Ape. Stanford: Stanford Univ. Press.

Kaufmann, J. (1965). "A Three Year Study of Mating Behavior in a Free-ranging Band of Rhesus Monkeys." Ecology 46: 500 – 512.

Kawai, M. (1958). "On the System of Social Ranks in a Natural Troop of Japanese Monkeys." Primates 1: 111 – 48. English translation in Japanese Monkeys, ed. K. Imanishi and S. Altmann. Atlanta: Emory Univ. Press, 1965.

Koehler, W. (1917). Intelligenzprüfungen an Menschenaffen. Berlin: Springer, 1973. Translated as The Mentality of Apes. New York: Vintage Books, 1959.

Kolata, G. (1976). "Primate Behavior: Sex and the Dominant Male." Science 191:

55 - 56.

Kortlandt, A. (1969). "Chimpansees." In HetLeven derDieren, ed. B. Grzimek, Band XI, pp. 14 - 49. Utrecht: Het Spectrum. P. 46.

Kropotkin, P. (1899). Memoires van een Revolutionair. Baarn, Netherlands: Wereldvenster, 1978. P. 314. Translated from Memoirs of a Revolutionist. New York: Dover, 1971.

Kropotkin, P. (1902). Mutual Aid: A Factor of Evolution. New York: New York University Press, 1972.

Kummer, H. (1957). Soziales Verhalten einer Mantelpavian Gruppe. Bern: Verlag Hans Huber.

Kummer, H. (1971). Primate Societies. Chicago: Aldine.

Lasswell, H. (1936). Who Gets What, When, and How. New York: McGraw-Hill.

Leakey, R., and R. Lewin (1977). Origins. London: Macdonald & Jane's; New York: Dutton.

Linton, R. (1936). The Study of Man: An Introduction. New York: Appleton, 1964. Student's edition, p. 184.

Lorenz, K. (1931). "Beitrage zur Ethologie Sozialer Corviden." In Gesammelte Abhandlungen, Band 1: 13 - 69. Munich: Piper, 1965.

Lorenz, K. (1959). "Gestaltwahrnehmung als Quelle Wissenschaftlicher Erkenntnis." In Gesammelte Abhandlungen, Band II: 255 - 300. Munich: Piper, 1967.

Machiavelli, N. (1532). The Prince. In The Portable Machiavelli, ed. P. Bonda-nella and M. Musa. Harmondsworth: Penguin Books, 1979.

Maslow, A. (1936 - 7). "The Role of Dominance in Social and Sexual Behavior of Infra-human Primates." Series of articles in /. Genet. Psychol. 48 and 49.

Mauss, M. (1924). The Gift: Forms and Functions of Exchange in Archaic Societies. London: Routledge & Kegan Paul, 1974.

Menzel, E. (1971). "Communication about the Environment in a Group of Young Chimpanzees." Foliaprimatol. 15: 220 - 32.

Menzel, E. (1972). "Spontaneous Invention of Ladders in a Group of Young Chimpanzees." Folia primatol. 17: 87 - 106.

Mori, A. (1977). "The Social Organization of the Provisioned Japanese Monkey Troops which have Extraordinarily Large Population Sizes." /. Anthrop. Soc. Nippon 85: 325 - 45.

Morris, D. (1979). Animal Days. London: Jonathan Cape. P. 147.

Mulder, M. (1972). Het Spel om Macht; over Verkleining en Vergroting van Macht-songelijkeid. Meppel, Netherlands: Boom.

Mulder, M. (1979). Omgaan met Macht. Amsterdam: Elsevier.

Nacci, P., and J. Tedeschi (1976). "Liking and Power as Factors Affecting Coalition

Choices in the Triad. " Soc. Behav. Personality 4 (1): 27 - 32.

Nadler, R. (1976). "Rann vs. Calabar: A Study in Gorilla Behavior." Yerkes News? letter 13 (2): 11 - 14.

Nadler, R. , and B. Tilford (1977). "Agonistic Interactions of Captive Female Orangutans with Infants." Folia primatol. 28: 298 - 305.

Nieuwenhuijsen, K. , and F. de Waal (1982). "Effects of Spatial Crowding on Social Behavior in a Chimpanzee Colony." Zoo Biol. 1: 5 - 28.

Nishida, T. (1979). "The Social Structure of Chimpanzees of the Mahale Mountains." In The Great Apes, ed. D. Hamburg and E. McCown. Benjamin/ Cummings, California.

Nishida, T. (1983). "Alpha Status and Agonistic Alliance in Wild Chimpanzees." Primates 24: 318 - 36.

Nishida, T, and K. Hosaka (1996). "Coalition Strategies among Adult Male Chimpanzees of the Mahale Mountains, Tanzania." In Great Ape Societies, ed. W. C. McGrew, L. F. Marchant, and T. Nishida. Cambridge: Cambridge Univ. Press. Pp. 114 - 34.

Noe, R. , F. de Waal, and J. van Hooff (1980). "Types of Dominance in a Chimpanzee Colony." Folia primatol. 34: 90 - 110.

Pusey, A. (1980). "Inbreeding Avoidance in Chimpanzees." Anim. Behav. 28: 543 - 52.

Pusey, A. , J. Williams, and J. Goodall (1997). "The Influence of Dominance Rank on the Reproductive Success of Female Chimpanzees." Science 277: 828 - 31.

Riss, D. , and C. Busse (1977). "Fifty-day Observation of a Free-ranging Adult Male Chimpanzee." Folia primatol. 28: 283 - 97.

Riss, D. , and J. Goodall (1977). "The Recent Rise to the Alpha Rank in a Population of Free-living Chimpanzees." Folia primatol. 27: 134 - 51.

Sahlins, M. (1965). "On the Sociology of Primitive Exchange." In The Relevance of Models for Social Anthropology, ed. M. Banton. A. S. A. Monograph 1. London: Tavistock.

Sahlins, M. (1972). "The Social Life of Monkeys, Apes and Primitive Man." In Primates on Primates, ed. D. Quiatt. Minneapolis: Burgess.

Sahlins, M. (1977). The Use and Abuse of Biology. London: Tavistock.

van de Sande, J. (1973). "Speltheoretische Onderzoekingen naar Gedrags-Verschillen Tussen Mannen en Vrouwen." Nederl. T. Psychol. 28: 327 - 41.

Schjelderup-Ebbe, T. (1922). "Beitrage zur Sozialpsychologie des Haushuhns." Z. Psychol. 88: 225 - 52.

Schubert, G. (1986). "Primate Politics." Soc. Sci. Information 25: 647 - 80.

Silk, J. (1979). "Feeding, Foraging, and Food-sharing Behavior of Immature Chimpanzees." Foliaprimatol. 31: 123 - 42.

Stevens, W. K. (1997, May 13). "Gabon Logging Pushes Chimps into Deadly Territorial War." The New York Times.

Sugiyama, Y. (1984). "Population Dynamics in Wild Chimpanzees at Bossou, Guinea, between 1976 and 1983." Primates 25: 391 - 400.

Sugiyama, Y., and J. Koman (1979). "Social Structure and Dynamics of Wild Chimpanzees at Bossou, Guinea." Primates 20: 323 - 39.

Suzuki, A. (1971). "Carnivority and Cannibalism Observed among Forest-Living Chimpanzees." /. Anthrop. Soc. Nippon79: 30 - 48.

Teleki, G. (1973). The Predatory Behavior of Wild Chimpanzees. Lewisburg, Pa.: Bucknell Univ. Press.

Thibaut, J., and H. Kelley (1959). The Social Psychology of Groups. New York: Wiley. P. 37.

Trivers, R. (1971). "The Evolution of Reciprocal Altruism." Q. Rev. Biol. 46: 35 - 57.

Trivers, R. (1974). "Parent-offspring Conflict." Am. Zool. 14: 249 - 64.

Tutin, C. (1975). "Exceptions to Promiscuity in a Feral Chimpanzee Community." In Contemporary Primatology, 5th Congress IPS, Nagoya 1974, pp. 445 - 49. Basel: Karger.

Tutin, C. (1979). "Responses of Chimpanzees to Copulation: With Special Reference to Interference by Immature Individuals." Anim. Behav. 27: 845 - 54.

Turtle, R. H. (1986). Apes of the World: Their Social Behavior, Communication, Mentality, and Ecology. Park Ridge, NJ: Noyes.

de Waal, F. B. M. (1975). "The Wounded Leader: A Spontaneous Temporary Change in the Structure of Agonistic Relations among Captive Java-monkeys (Macaca fascicularis)." Netherlands'J. Zoology 25: 529 - 49.

de Waal, F. (1977). "The Organization of Agonistic Relations within Two Captive Groups of Java-monkeys (Macaca fascicularis)." Z. Tierpsychol. 44: 225 - 82.

de Waal, F. (1978). "Exploitative and Familiarity-dependent Support Strategies in a Colony of Semi-free-living Chimpanzees." Behaviour 66: 268 - 312.

de Waal, F. (1980). "Schimpansin zieht Stiefkind mit der Flasche auf." Das Tier 20: 28 - 31.

de Waal, F. B. M. (1986). "The Brutal Elimination of a Rival among Captive Male Chimpanzees." Ethol. Sociobiol. 7: 237 - 51.

de Waal, F. B. M. (1989a). Peacemaking among Primates. Cambridge: Harvard Univ. Press.

de Waal, F. B. M. (1989b). "Food Sharing and Reciprocal Obligations among Chimpanzees." /. HumanEvol. 18: 433 - 59.

de Waal, F. B. M. (1994). "The Chimpanzee's Adaptive Potential: A Comparison of Social Life under Captive and Wild Conditions." In Chimpanzee Cultures, ed. R. W.

Wrangham, W. C. McGrew, F. B. M. de Waal, and P. Heltne. Cambridge: Harvard Univ. Press. Pp. 243 – 60.

de Waal, F. B. M. (1996). Good Natured: The Origins of Right and Wrong in Humans and Other Animals. Cambridge: Harvard Univ. Press.

de Waal, F. B. M. (1997a). Bonobo: The Forgotten Ape (with photographs by F. Lanting). Berkeley: Univ. of California Press.

de Waal, F. B. M. (1997b). "The Chimpanzee's Service Economy: Food for Grooming." Evol. Human Behav. 18: 1 – 12.

de Waal, F., and J. Hoekstra (1980). "Contexts and Predictability of Aggression in Chimpanzees." Anim. Behav. 28: 929 – 37.

de Waal, F., and L. Luttrell (1988). "Mechanisms of Social Reciprocity in Three Primate Species: Symmetrical Relationship Characteristics or Cognition?" Ethol. Sociobiol. 9: 101 – 18.

de Waal, F., and A. van Roosmalen (1979). "Reconciliation and Consolation among Chimpanzees." Behav. Ecol. Sociobiol. 5: 55 – 66.

Watanabe, K. (1979). "Alliance Formation in a Free-ranging Troop of Japanese Macaques." Primates 20: 459 – 74.

Wight, M. (1946). Power Politics. New ed., H. Bull and C. Holbraad, eds. Harmondsworth: Penguin Books, 1979.

Wrangham, R. (1974). "Artificial Feeding of Chimpanzees and Baboons in Their Natural Habitat." Anim. Behav. 22: 83 – 93.

Wrangham, R. (1975). "Behavioural Ecology of Chimpanzees in Gombe National Park, Tanzania." Ph. D. thesis, Cambridge U. K. (unpublished).

Wrangham, R. W., and D. Peterson (1996). Demonic Males: Apes and the Origins of Human Violence. Boston: Houghton Mifflin.

van Wulfften Palthe, T. (1978). "De Beschrijving van een Machtswisseling, 1973 – 74, bij de Chimpansees van Burgers' Dierenpark." Doctoral report (unpublished).

van Wulfften Palthe, T., and J. van Hooff (1975). "A Case of Adoption of an Infant Chimpanzee by a Suckling Foster Chimpanzee." Primates 16: 231 – 34.

Zinnes, D. (1970). "Coalition Theories and the Balance of Power." In The Study of Coalition Behavior, ed. S. Groennings, E. Kelley, and M. Leiserson. New York: Holt.

以黑猩猩为镜子看人类能看到什么？

——《黑猩猩的政治》导读①

赵芊里

（浙江大学社会学系人类学研究所）

德瓦尔的这本成名作所讨论的问题相当广泛，可以说，他在这本书出版后 1/4 个世纪中所写的主要论著中讨论的主要问题这本书大多已经或初步涉及到了；因而，要理清德瓦尔在本书中讨论的主要问题及他的主要看法实际上几乎涉及他的动物行为学思想的方方面面。以下是我根据自己关于德瓦尔的动物行为学思想的一些论文对他在本书中讨论的主要问题及他的主要观点的一个简要梳理。

德瓦尔在本书中所讨论的问题主要有以下几个方面：

一、 关于动物尤其是黑猩猩的权欲和政治的起源

人类尤其是男人们的权欲是对此作过一定反思的人都容易认可的。但人以外的动物是否也有权欲的问题则是缺乏相关知识的人无法回答的。德瓦尔根据自己观察到的以下事实——青春期的雄黑猩猩都会经历一个反叛比它们年长位高的成年雌黑猩猩的阶段；成年雄黑猩猩都会伺机反叛群落首领并取而代之——证明：**雄黑猩猩都有权欲**。至于雌黑猩猩的权欲，德瓦尔认为：在生存压力不大的、食物丰富的自然或人工环

境中，在雌性间已然建立起稳定的等级秩序的情况下，雌黑猩猩谋求较高或更高社会地位的倾向确实表现得不明显；但在生存压力大的环境中、在雌性间尚未建立起稳定等级秩序的情况下，雌黑猩猩也是会像雄黑猩猩一样通过争斗来谋求较高或更高的社会地位及相应的支配权或管理权的。可见：在**雌黑猩猩身上也**是**存在着权欲**的，只不过，受某些现实因素的影响，雌黑猩猩的权欲可能在某些时候没有表现出来或表现得不太明显而已。据此，关于非人动物，尤其是猿类是否具有"权欲"或"统治驱力"的问题，德瓦尔的结论是："在这一点上，我是毫不犹豫的。我所观察过的动物们显然都在努力获得一个较高或更高的社会地位。……在我看来：黑猩猩们都是会为了一个较高或更高的社会地位而努力奋斗的……对权位的渴望几乎肯定是与生俱来的。"[1]（pp183–184）

关于权欲的起源，德瓦尔以统计资料——在每一个时期，总是身居首领职位的雄黑猩猩占有最大份额的性交（通常超过 50％，甚至达到 75％或更高）；而雄黑猩猩个体的地位越低，它所占有的性交份额就越小——表明："雄性的等级与其性交频率之间是存在一定联系的"，[1]（p163）并由此进一步指出："［在等级制社会中，］雄性们……谋求权位的动力其实来自雄性的等级地位决定着他们是否具有性交优先权这一事实。"[1]（p165）由此，德瓦尔揭示了雄性动物的权欲的起源：在等级制社会中，**雄性动物的权欲**（主要）**起源于性竞争**；由于性交在客观上只是繁殖的中介，因而，可以说：雄性动物的权欲（最终）起源于繁殖竞争。雌性的情况与此有所不同：在一个繁育期中，一个雌性能繁育的后代数量与性交对象和次数的多寡无关，因而，雌性之间的性嫉妒与性竞争不强，由此，雌性动物的权欲与性竞争没有多大关系。根据在自然环境中一个雌性所占有的采食区域的优劣、其后代发育速度的快慢

---

① 本文为浙江大学文科教师科研发展专项项目（126000–541903/016）成果。

和生存机会的大小与其所占有的地位高低具有正相关性这一事实，德瓦尔认为：**雌性动物的权欲**（主要）**起源于繁育竞争**及相关的**食物竞争**。如果不考虑性别差异的话，那么，我们也可笼统地将德瓦尔关于权欲起源的观点表述为：**动物的权欲**（主要）**起源于性与繁殖及食物竞争**。

在德瓦尔看来：政治是关涉权位的社会活动。而从心理学角度看，个体的政治活动不过是其权欲的行为表现，因而，权欲的起源也就是政治的起源。按照德瓦尔对政治与权欲出现与存在的条件的理解，**政治现象应该存在于一切存在着性与繁殖及食物竞争的动物社会中**，而这个世界上比人类更古老的群居动物数不胜数，因而，关于政治的历史与人类历史之间的关系，德瓦尔的看法是："政治的根比人类更古老［政治在比人类更古老的动物们的生活中就已经起源了］。"[1]（p207）

二、 关于黑猩猩从事权位斗争的基本策略及其作用

这是德瓦尔在这本书中着重探讨的另一部分重要内容。黑猩猩们在权位斗争中所采用的基本策略主要有：

1. 试探。权位斗争的第一步通常是一方对对方与己方之间的实力对比状况的试探。试探是排除权位斗争的盲目性的必要手段，是权位斗争的基础；试探性挑战则是挑战者进行权位斗争的一种基础性手段。德瓦尔在本书中讨论过的黑猩猩中的挑战者对统治者的常见的试探方式主要有：停止"问候"、威胁、抗命及旁敲侧击等。

2. 联盟。权位斗争的关键是改变或维持斗争双方之间的力量对比关系或平衡状况，结盟与离间就是改变或维持这种对比关系或平衡状况的普遍有效方式。在权位斗争中，由于联盟影响着斗争双方之间的力量平衡从而影响到甚至决定着斗争结果，因而，联盟是成败的关键。德瓦尔讨论过的联盟有开放式的与封闭式的两种。其中，开放式联盟是指结

盟双方目标不同但他们的行为对各自目标的实现具有互相促进作用的联盟，如：在鲁伊特反叛耶罗恩期间，鲁伊特与尼基之间的联盟；封闭式的联盟是指结盟双方的目标与利益一致且其中任何一方与敌方之间都没有串通与互相利用现象的联盟，如：在尼基再次执政后的一段时间内，尼基与耶罗恩之间的联盟。

3. 离间。联盟的另一面就是离间或破坏对方的联盟的反联盟行为——斗争双方中的一方设法阻止第三方与对方结盟或设法改变对方盟友的立场从而弱化乃至拆散对方联盟的行为。德瓦尔讨论过的具体离间方式主要有：驱逐、隔离、威胁、惩罚、笼络或收买等。

三、 关于黑猩猩如何解决冲突与谋求和平

动物们怎样解决冲突以谋求和平是德瓦尔重点研究的动物行为学课题之一，他曾经为之写过专著《灵长目动物如何谋求和平》（*Peace Making among Primates*），并编著过专题论文集《解决冲突的自然机制》（*Natural Conflict Resolution*）。德瓦尔认为：在自然资源（主要是食物）和社会资源（尤其是异性）有限的情况下，动物之间的生存与繁殖竞争必然会引起冲突并培养起动物的攻击性，但冲突的危害也已经迫使动物们演化出了多种解决冲突与维持和平的自然方法。

德瓦尔讨论过的黑猩猩求和维和之道主要有：一、**容忍**，其具体途径有：1. 通过安抚性抚摸、拥抱、毛皮护理（乃至性行为）来消除对方的负面情绪，从而使其能容忍自己的竞争或其他不利行为；2. 通过对负面情绪的自我克制来使自己能容忍对方的竞争或其他不利行为。二、**和解**，其具体方式有：1. 冲突双方自己和解；2. 通过第三方调解来实现和解。三、**干涉**，其具体方式有：1. 通过第三方威慑来制止冲突、维护和平；2. 通过第三方的中立性或偏向性干涉来制止冲突、维护和平。

四、 关于黑猩猩的身心能力、人猿关系及人的本质

德瓦尔是一个善于反思并习惯于刨根问底的富于哲学家气质的人，其动物行为学论著中总是随处可见他关于人与动物尤其是灵长目动物或猿的关系以及该视角中的人的本质问题的思考。根据自己以及同行们所观察到的事实，德瓦尔对人类历史上曾经出现过的多种人与兽或人与猿的界线论作了分析批判，并在此基础上提出了自己的看法。

1. 关于"理性"论的人兽或人猿界线论。 在本书中，德瓦尔描述了许多相关事实，如：当孩子们之间的游戏变成了冲突时，身为母亲的雌黑猩猩特普尔在现场想出了请出群落中最年高望重的雌黑猩猩来帮助解决冲突的办法，而不是仅凭护幼本能以偏袒自己的孩子的方式介入冲突；当已年老体衰时，耶罗恩会选择与年轻力壮的尼基结盟来反叛鲁伊特的统治，并在缺乏执政能力的尼基只能担任挂名首脑的执政联盟中成为掌握实权的摄政王，从而为自己谋得最大限度的利益。这些及其他众多相关事实证明：猿类也是具有基于后天经验而非先天本能的以深思熟虑（而非不假思索）为特征的作为"有目的地思考的能力"的理性的。由此，"理性"论的人兽或人猿界线论是不能成立的。

2. 关于"社会"论与"政治"论的人兽或人猿界线论。 世界上的大多数动物都是彼此构成一定社会关系的群居动物，因而，那种以是否具有社会性作为人兽界线的"社会"论［的人兽界线论］其实不值得一驳。至于非人动物是否像人类一样从事有关权位的政治活动倒是需要掌握大量证据才能判断的。在黑猩猩们反叛地位高者并想方设法（如试探、结盟、离间等）取而代之的活动中，我们分明看到黑猩猩社会中也是存在着争权夺位的政治斗争的，而且，我们还分明看到了黑猩猩所具有的与人不相上下的政治智慧。由此，德瓦尔证明：黑猩猩乃至所有群

居动物其实都与人一样是政治动物，因而，"政治"论的人兽或人猿界线论也是不能成立的。

3. **关于"语言"论的人兽或人猿界线论。**德瓦尔同样描述了众多相关事实，如：黑猩猩（与波诺波）能学会人类的手语并会借助这种手语与人类交流且在他们之间互相交流；在黑猩猩的社会活动中，黑猩猩的表情（如表示害怕的露齿似笑的表情）、姿态（如表示请求的伸出手臂并张开手掌的姿势）和动作（如表示臣服的鞠躬动作），以及全社会通用的某些特定声音（如表示抗议的尖叫、表示威胁的咆哮、表示臣服的伴着喘气的咕哝声等）都在起着传情达意的媒介的作用并确能导致社会互动的成功。这些事实证明：猿类等动物也是拥有足够有效的身体语言以及一定程度上的有声语言的。由此，是否拥有并使用语言同样不能作为人兽或人猿的界线。

4. **关于"文化"论的人兽或人猿界线论。**这是对文化现象未加深究的普通大众乃至相当多的知识分子相信得最为坚定的一种人兽或人猿界线论。也许正是这一现象刺激了德瓦尔对非人动物有无文化的问题进行了专门研究，并写出了《类人猿与寿司大师》这样的动物文化研究专著。德瓦尔赞同日本著名动物行为学家今西锦司的文化定义，即：将文化理解为一切非遗传或非本能（即后天获得）的行为及相应能力与方式。在此基础上，德瓦尔描述了自己及同行所观察到的大量事实，如：日本九州幸福岛上的猴群在某只猴子发现在水中洗过的甘薯更好吃后逐渐全都习得了这一行为，并将这种行为方式作为一种传统延续了半个世纪；非洲象牙海岸泰森林中的黑猩猩们能用大石头制造成套的砸棕榈果工具，并能通过有意识的教学这种较狭义的文化活动传承砸坚果技术。这些及其他众多相关事实证明：人以外的猿、猴等动物也具有"创造出新习性和技术的能力，而且，这种能力是通过社会方式而不是遗传方式进行传播的"。可见：猿与猴也是有文化的动物。而比人类更古老甚至古老得多的动物也已经有文化的事实告诉我们："极有可能是动物而非我们人类最早拥有了文化传播的可能性。"套用作者关于政治的历史与人类的历史的关系的名言——"政治的根比人类更古老。"我们完全可以说：文化的根也比人类更古老。

5. 关于"工具"论的人兽或人猿界线论。以是否会制造和使用工具作为人兽界线的"工具"论也是一种流传范围和时间相当广、长的人兽界线论，直到 1960 年代简·古道尔发现黑猩猩能用经过加工的探针状树枝探入蚁穴并转移出附着其上的白蚁以供自己食用，还能以嚼碎的树叶作为类似海绵的吸水工具，这种理论才受到怀疑。此后，关于猿及其他动物能制造和使用工具的发现层出不穷。德瓦尔自己就曾观察到过：黑猩猩能以专门折断的粗长适当的树枝当梯子爬上底部围有电栅栏的大树，从而能采摘到鲜嫩可口的树叶；或用长度适当的树枝来砸落树上的叶子。沃尔夫冈·科勒则在实验室里证明了黑猩猩发明与使用工具的能力："一串香蕉被挂在了手伸不到的天花板上，房间里有一些可供使用的箱子和棍子，那些试图获得香蕉的黑猩猩会坐在那些东西旁，直到突然悟出一种解决方案〔即：将箱子垫在脚下，从而用本来不够长的棍子够到挂在天花板上的香蕉〕"。事实证明：猿类及其他动物同样能够发明、制造、修整与使用工具；由此，"工具"论的人兽或人猿的界线论同样是不能成立的。

6. 关于"艺术"论的人兽或人猿界线论。近两三百年来，西方人通常所说的较为狭义的艺术是指具有形式美的人为事物。"艺术"论的人兽或人猿界线论——以是否具有关于事物形式美与不美的意识并能否依据这种意识创造出具有形式美的人为事物即艺术品作为人与兽或猿的界线的观点——也是一种具有一定市场的观点。然而，新几内亚的造亭鸟却能用花草羽翅造出如人类所造的小茅屋或亭子那么大的非常美观的鸟巢，以至于不知情的人会把它们当作人类的建筑艺术。黑猩猩也能创作出符合人类公认的"对称""平衡""完整""比例（适当）""（有）节奏""（色彩）对比（鲜明）"等形式美构成规律因而能给人以一定形式美感的抽象绘画作品，甚至，某些不知情的专家还曾经将某些黑猩猩所作的画当作人作的画，并给予了相当高的评价。可见，在人类眼里，黑猩猩的画也可以是具有一定艺术性的。事实说明：作为形式美不美的感受与判断能力的审美意识以及作为具有形式美的事物的创作与欣赏的艺术活动并非人类所独有（因为猿类甚至鸟类等动物也具有），而且，这种审美意识与艺术活动及相应能力的起源实际上要比人们通常所认为的久远得多，因为比人类更古老的动物也已在一定程度上具有这种意识和能力，并在进行这种活动；正如德瓦尔所说："我们人类并非唯一借助这种自创的视觉效果取乐的动物，因此，（形式）审美意识〔及作为具有形式美的事物的创作与欣赏活动的艺术〕之根可能远比假设上所认为的来得更久远。"可见："艺术"论的人兽或人猿界线论也是缺乏根据的。其实，若是按"艺术"（Art）一词的本义之一——"技能"将艺术理解为需要较高技能才能进行因而从技能评价角度看具有可审美性的生命活动及其产物的话，那么，动物们的任何表现出超出于人的相应技能的活动及其产物就会因具有技能的相对优势性与可审美性而都可是人眼中的艺术。而动物们具有的超出于人的技能（如猴与猿在树上和悬崖上如履平地的运动能力）比比皆是，因而，从技能评价看，任何一种具有超出于人的技能的动物都可以是人眼中的艺术家，任何一种体现出了超出于人的技能的动物的活动或其产物都可以是人眼中的艺术。由此，从技能评价或审美论角度看，"艺术"论的人兽或人猿界线论〔以及所谓艺术起源论或艺术终结论〕实际上是一种无稽之谈。①

---

① 关于能力评价论或能力审美论的艺术论，可详见译者的论文《艺术性的评价论和语用学阐释》（《文艺理论研究》2003 年第 3 期）或译者的专著《艺术与游戏》（人民出版社 2004 年版）第八章。——译者

关于人与兽或猿在上述各方面的关系，德瓦尔所讨论的结果与莫里斯所说的完全相同："我们与他们之间的差异只是程度上的。……人类与猿类并没有根本的区别。"德瓦尔自己的话则是：通过"比较也许我们会发现：人类的任何属性都能在被人类所取笑的多毛动物中找到"。他还说："我们的近亲动物们的行为为我们提供了关于人类本性的重要线索。除政治操纵外，黑猩猩们还在许多行为……上都表现出了与人类的相应行为相似的特征。事实上，正是我们与其他灵长目动物之间的大量的相似性这一背景才使得人类在灵长目动物中的地位得以越来越清楚地显现出来。"如果将德瓦尔在这两段话中所说的意思表述得更直白一点的话，那么，他的意思其实就是：人与猿以及其他灵长目动物其实在各方面都是相似的，他们之间在各方面都没有质的不同而只有量或程度上的差异。这就是德瓦尔眼中的人猿或人兽关系及这一关系视角中的人的本质。

五、 关于黑猩猩的社会组织方式

动物的社会组织也是德瓦尔重点研究的问题之一。根据他的研究，黑猩猩的社会组织有"垂直方向的"和"水平方向的"两个维度：从垂直方面看，黑猩猩的社会组织是一种阶梯式等级制；这种等级秩序在雄性及雄雌之间表现得特别明显，在雌性及亲子之间则表现得不明显。从水平方面看，黑猩猩个体之间以血缘关系的远近和感情上的亲疏为基础构成的亲疏性社会关系则是他们的社会组织的与社会地位高低无关的另一方面。德瓦尔还认为：黑猩猩社会组织的垂直方面即个体间的等级秩序又有两种表现形式，即"形式上的等级秩序"与"实际上的支配与被支配关系"。前者是指从单向的"问候"仪式中表现出来的全社会公认的社会成员之间在某个时期的稳定的上下尊卑关系，后者是指在具体情形中个体间实际上的支配与被支配关系（如一个平时地位低的个体可因与一个当时在场的地位更高的第三方之间的依附关系而导致地位临时性上升，从而能支配一个平时比自己地位高的个体）。此外，德瓦尔还讨论过"第三种类型的个体间相对地位关系"。这种关系是指在特定情形中形式上地位低的一方（尤其是雌性）在形式上地位高的一方（尤其是雄性）的忍让下形成的与形式上的等级秩序颠倒的临时性支配与被支配关系（如雌性拿走了雄性的食物、占了雄性的座位等），因而，这种关系也可归入实际上的支配与被支配关系。在黑猩猩社会中，由于各种社会关系交错影响，个体间等级秩序临时倒转现象是比较常见的。因此，要符合实际地看待与说明黑猩猩社会组织和社会成员间的等级关系就必须兼顾形式上和实际上的两种等级秩序。德瓦尔十分重视这两种等级秩序的区分，并将其看作他的阿纳姆黑猩猩研究项目所取得的"最引人注目的成果"。

比较黑猩猩的社会组织与（大多数）人类的社会组织，德瓦尔得出的结论是："黑猩猩的社会组织与人类的实在太像了，像得让人简直不敢相信这是真的。"

六、 关于黑猩猩的性行为

性是有性生物的最大本能之一。与性有关的行为也是德瓦尔的动物行为学研究的重点。关于黑猩猩的与性有关的行为，德瓦尔着重研究过的主要有以下几个方面：

1. 性博爱与性偏爱。黑猩猩中并无人类中的通常终身制的或某些哺乳类及许多鸟类中的以一个繁殖期为限的对偶婚现象。除了地位高的雄性会凭借权位尽可能多地占有性交对象与性交机会外，两性之间可凭双方自愿自由性交。在存在每一个体都可有多个性伙伴的性博爱现象的同时，黑猩猩中尤其是年长者之间也存在对特定性伙伴的性偏爱现象；而且，在某些互相偏爱的年轻性伙伴之间还会出现"性舞蹈"形式的性爱游戏。此外，性偏爱还会导致地位低的成员努力冲破地位高者的禁令而"私下偷情"。

2. 性特权与性竞争。在由雄性当权的等级制社会中，雄性占有的性交对象与性交数量的多寡与其地位高低具有正相关性。其中，雄性首领享有近乎垄断的性交权的现象就是性特权。雄性间为争夺作为性交对象的异性而进行的竞争就是性竞争。雄性间的竞争主要是性竞争。

3. 性协商与性宽容。德瓦尔注意到：雄黑猩猩间存在着性交权的交易（而非雌雄间以性换物的性交易）现象，即：低级别雄性通过为高级别雄性做毛皮护理并辅之以表示乞求的手势与表情来求得高级别雄性对自己与某个雌性公开性交的同意（这种同意的行为表现就是不干涉）。这种低级别雄性（主要）以毛皮护理为代价（并辅之以屈尊）而换得按等级制本属于高级别雄性的性交权的现象就是性协商［Sexual Bargaining，按字面意义可译为"性交易"，但为区别于通常意义上的雌雄间的性交易，故译为"性协商"］，而作为交易手段的毛皮护理所具有的安抚功能所达到的使高级别雄性能容忍低级别雄性在他面前公开性交的结果就是性宽容［Sexual Tolerance］。

4. 避免乱伦的自然机制。有迹象表明，黑猩猩会主动避免乱伦，其具体表现在：在儿子进入青春期后，母亲通常会拒绝再与儿子进行性接触（少幼期的雄黑猩猩则可与雌性乃至母亲进行虚拟性性行为）；在进入青春期后，雌性个体就会到群落之外漫游或迁徙到其他群落中，以寻找其他群落中与自己一般不会有血缘关系的雄性为性伙伴；年轻的雌性会拒绝本群落中年长雄性的性交要求从而避免被可能的父亲受精。这表明：黑猩猩中存在着避免乱伦的自然机制（其实，许多其他动物中同样如此）。由此，乱伦禁忌并非（如某些人类学家所说的）仅仅是人类文化的产物，而是动物们为了避免物种退化而演化出来的一种自然机制。

七、 关于动物尤其是猿类社会中的基本道德准则

动物伦理问题是德瓦尔重点研究的动物行为学课题之一。关于动物伦理，德瓦尔后来又专门写了一本他十分自重的书——《性本善》（*Good Natured*），并在多本书中论及这方面问题。在本书中，德瓦尔只是初步涉及了动物伦理问题；这些问题及他的相关看法主要有：

1. 黑猩猩社会中的基本道德准则。黑猩猩的社会活动遵循（跟人类社会中的一样的）基本原则即"交互式报答"（简称"互报"）；互报有正面的与负面的两种，即：一、"善有善报"；二、"以眼还眼，以牙还牙［即"恶有恶报"］。"根据黑猩猩遵循的社会活动基本原则，德瓦尔推断：黑猩猩心中也是存在公平与正义之类的道德感的，并认为："就像人类中的相应情况一样，黑猩猩之间的互报行为同样是由公平与正义之类的道德感所支配的。"

2. 按交换内容区分的交互式报答的两种基本类型及其相互关系。在非即时的利益交换即互报中，德瓦尔区分了有形的物质利益交换与无形的社会利益交换。前者如："食物分享""以食物换毛皮护理""性协商［以护理换性交］"等；后者如："结盟［需要时交互支援］"、"有条件和解［以顺服换和平］"、以"给予保护"和维持秩序换取"尊敬与支援"等；此外，还有有形与无形利益的交叉交换，如以"支持"换"性宽容"或"毛皮护理"等。

与某些人认为有形的物质利益交换如"食物分享"先于并派生出无形的社会利益交换的看法恰好相反，德瓦尔认为："设想社会关系上的互报在更早时就存在了，而诸如食物的分享这种有形的交换不过是由此所滋生的东西，那……更合乎逻辑。"［1］（p200）

3. 同情心与利他行为。大量的观察和相关实验表明：灵长目（猿与猴）乃至许多非灵长目哺乳动物（如狼与狗等）都具有［设身处地、感同身受的］同情心，并会出于同情而非指望回报而做出利他行为。这表明：人以外的动物的行为也并非全都是由自私本性所支配的纯粹利己乃至损人利己的行为。德瓦尔认为，"同情是一种与个体间的熟悉与亲密程度有关的现象"，[1]（p188）并据此设计了用两个个体待在一起的时间长短来测量个体间熟悉与亲密程度及其所表征的同情心强度的方法，并进而以此预测相关个体之间发生利他行为的概率高低，结果证明：情况的确如此。不过，某些互不熟悉乃至分属不同物种的互不熟悉的个体间也会发生像是基于同情的利他行为的事实表明：同情现象比德瓦尔在这本书中所讨论的更复杂。

至此，导读文可以结束了。

编辑建议在导读中加一段译后记，在此附上翻译与修订说明如下：

在《黑猩猩的政治》修订本即将出版之际，我觉得有必要交代一下这本书的翻译出版及修订一事的缘起。在博士毕业后，我决意要为自己今后的学术活动寻找一种新的哲学基础；在经过一段时间的探寻后，我发现：我想要寻找的新哲学就存在于动物行为学中。不久，我得到一个在德国基尔大学动物学研究所研修动物行为学的机会。在此期间，我发现：主要研究人类近亲猿与猴的社会行为的弗朗斯·德瓦尔［Frans de Waal］是当今世界最具行为哲学家意味的全球最顶尖的灵长目动物行为学家之一。在看了他的英文版成名作与代表作 *Chimpanzee Politics* 后，我就动了要把它翻译成中文出版的心思。当我把我关于今后的学术方向和翻译德瓦尔动物行为学著作的想法告诉我的老师浙江大学哲学系包利民教授后，他立即就给予了肯定，并建议我去请正在主持翻译系列学术名著的浙江大学哲学系的庞学铨教授帮忙落实出版社。我将这本书的内容简介电邮给了庞学铨老师，约半个月后就从他那里得到了消息：已落实在上海译文出版社出版。本书的翻译主要是在 2008 年春夏两季做的，第一版正式出版时已经是 2009 年 6 月。由于上海译文出版社、果壳网、科学松鼠会、（中国）中央电视台《子午书简》栏目、《中国科学报》《中国图书商报》、吴大猷学术基金会等机构的大力宣传和推广，这本书在当年获得了"2009 年上海书展十佳图书"，在次年又获得了中国"2009 年度最值得一读的 30 本好书"及台湾地区的"吴大猷科学普及译著金签奖"等奖项。这本书的获奖激发了我做动物行为学译介工作的热情，也增强了我做好这一工作的信心；因而，在此后的十年时间中，我又翻译了一些动物社会学、动物政治学和动物伦理学著作，包括德瓦尔的《灵长目与哲学家——道德是怎样演化出来的?》、费陀斯·德浩谢尔［Vitus Droescher］的《从相残到相爱——两性行为的自然演化》《友善的野兽》《动物们的神奇感官》以及康拉德·劳伦兹［Konrad Lorenz］的一些动物行为学著作。通过这些年的翻译实践，我发现自己的翻译能力有了较大提高。有时，在因研究需要而回头再看 2009 年的中文版《黑猩猩的政治》时，我会发现其中的一些翻译错误或不够确切、通俗之处。这让我觉得有些愧对本书所获得的多个奖项，因而产生了想要对原译本做一次修订从而给读者一个较完善的译本的想法。2019 年，正当本书中文版第一版出版十周年之际，上海译文出版社决定再版本书，这让我终于得到了修订本书的机会。现在，面对这个修订本，我觉得基本上已经不用再愧疚了，因而，心里轻松多了。在此，我向为本书的翻译、出版和修订提供了帮助、指导或机会的浙江大学庞学铨、包利民等教授以及出版社表示衷心的感谢！

　　另外，有必要交代一下的是：关于四种大猿的名称的译法，尽管在本书中按编辑的要求仍按目前通行的译法译了，但实际上，对这些通行译法的不当之处和容易导致的问题，我是有自己的看法的。关于我对四种大猿名称新译法的具体建议和相关理由，请见如下内容：

猿类名称新译法提议

按目前通用的动物分类法：

猿类是动物界、脊索动物门、脊椎动物亚门、哺乳动物纲、灵长目［Primates］、类人灵长亚目［Anthropoid］、狭鼻灵长下目、人科［Hominidae］的动物。

猿类（Apes）包括大猿（Great Apes）和小猿（Lesser Apes）。

小猿即 Gibbons（汉语中通译为"长臂猿"）。

大猿包括非洲大猿和亚洲大猿。

亚洲（现存的）大猿即 Orangutan（汉语中通译为"猩猩"）。

非洲大猿包括潘属猿（Apes of Genus Pan）和非潘属猿。

（非洲大猿中现存的）非潘属猿即 Gorrila（汉语中通译为"大猩猩"）。

潘属猿包括：

Chimpanzee（汉语中通译为"黑猩猩"）；

Bonobo（汉语中通译为"倭黑猩猩"）。

另外，根据基因测定，人类实际上也是潘属猿中的一种；按英国著名动物与人类行为学家莫里斯［Desmond Morris］的表述，人类可称为：

Nude Ape（汉语中通译为"裸猿"）。

根据笔者在多年的相关教学和科研活动中所了解的情况，在使用汉语的人中，普通大众乃至大多数高级知识分子都搞不清楚"猩猩""黑猩猩""倭黑猩猩""大猩猩"之间的区别，因而，经常将这些猿类名词当作同义词随意混用。基于这些猿类名词过于相似因而容易令人混淆并乱用的事实及其给相关知识的传播所带来的不便和危害，经长期考虑，笔者在此提出一套猿类名称新译法的建议，并给出这样做的理由，以供学界和读者选择。该建议的具体内容如下：

猿的分类层次与新旧译名对照表

新　译　名	英　文　名	旧译名
0　猿	Apes	猿
1　大猿	Great Apes	大猿
1.1　潘属猿	(Apes of Genus) Pan	潘
1.1.1　**青潘猿**	Chimpanzee	**黑猩猩**
1.1.2　**祖潘猿**	Bonobo	**倭黑猩猩**
1.1.3　**稀毛猿（人）**	Nude Ape（Human）	**裸猿**
1.2　非潘属猿		
1.2.1　**高壮猿**	Gorrila	**大猩猩**
1.2.2　**红毛猿**	Orangutan	**猩猩**
2　小猿	Lesser Apes	小猿
2.1　长臂猿	Gibbon	长臂猿

猿类名称新译法说明

1.1　潘属猿：这是当今世界最顶尖的灵长目动物行为学家、诺贝尔奖获得者弗朗斯·德瓦尔［Frans de Waal］提出来的一种分类名，他认为：在人科动物中，拉丁文学名分别为"Pan troglodytes"（字面意义为"穴居潘"）和"Pan paniscus"（字面意义为"小潘"）的"Chimpanzee"和"Bonobo"是人类的兄弟姐妹动物，在约800万年前，这三种动物是共祖的（在未分化前是同一种动物）；其他猿与人类的血缘关系稍远；因而，德瓦尔认为：人科中应设立"潘"这一属（"潘"是对"Pan"的音译），以便表明人类与两种潘（属猿）的血缘关系。

1.2　非潘属猿：狭义的非潘属猿指现存非洲大猿中除潘属猿外的猿，即"大猩猩"；广义的非潘属猿指现存猿类中除潘属猿外的其他猿，包括非洲大猿中的"大猩猩"和亚洲大猿即"猩猩"。

1.1.1　**青潘猿**："猿"是人科动物通用名；"青潘"是对"Chimpanzee"一词前两个音节［tʃimpæn］的音译，也兼有一定意译性：其中，**"潘"**是这种猿在人科中的属名，**"青"**在指称"黑"［如"青丝（黑头发）""青眼（黑眼珠）"中的"青"］的意义上也兼有对"Chimpanzee"的黑色皮毛特征的意译效果。

1.1.2　**祖潘猿**："猿"是人科动物通用名；"潘"是这种猿在人科中的属名，**"祖"**是对这种动物在其原产地刚果本地语中的名称"Bonobo"［意为（人类）"祖先"］的意译。这种猿曾因被误解而被误称为"Pigmy Chimpanzee"（倭黑猩猩），但自二十世纪末以来，动物学界已根据其刚果语名称确定其正式名称为"Bonobo"（可音译为"波诺波"）。根据德瓦尔等人的看法：现存的 Bonobo 是潘属三猿中与 800 万年前的三猿共祖最接近的，是这一共祖的最佳活样板；因而，"祖潘猿"中的"祖"字明确提示了这种猿是**人类祖先的现代活样本**。按照汉人的取名传统，兄弟或姐妹的名字中常有一个字相同；因而，在"Bonobo"的汉译名中加入"潘"字也具有对其与"黑猩猩"是人科潘属中的兄弟姐妹动物的提示作用。

在潘属三种猿中，青潘猿（Chimpanzee）与祖潘猿（Bonobo）在身高上并无差别；因而，将"Bonobo"称为"Pigmy Chimpanzee"或"倭黑猩猩"不仅与事实不符，而且有严重误导作用。这两种潘属猿在形态特征上的较显著差别是：前者下巴近乎方形、发型为背头、体型相对粗壮，后者下巴近乎三角形、发型为中分、体型相对纤细；因而，在有必要强调两者的形态差异的情况下，青潘猿也可被称之为"方颏潘/猿"

或"背头潘/猿"或"粗壮潘/猿",祖潘猿也可被称之为"尖颏潘/猿"或"中分潘/猿"或"纤细潘/猿"。

1.2.1　**高壮猿**："猿"是人科动物通用名;**"高壮"**是对这种猿的高大粗壮的体型特征的意译。这种猿是现存猿类中身材最高大粗壮的,其身高相当于或略超过现当代欧美人的身高。另外,"高"与"Gorrila"一词的第一个音节［gə］发音近似,因而也是对其发音的一种近似音译。

1.2.2　**红毛猿**："猿"是人科动物通用名;"红毛"是对"Orangutan(马来语词,字面意义为'森林中的人')"的体毛特征——棕红色或暗红色的意译。在猿类中,这种猿是唯一体毛为红色的猿,因而很合适作为这种猿与其他猿的区别特征。

笔者知道,由于语言的习得性和惯例性,笔者提出的上述四种大猿名称的新译法不可能很快就被汉语世界中的人们所普遍接受;但鉴于相关旧译名给使用汉语的人们带来的记忆、理解、使用、传播上的不便乃至危害,笔者还是想鼓起勇气,在给各种大猿以一个易记忆、易理解、易区分的汉语名称上,作一次抛砖引玉之举。欢迎读者和专家学者批评指正!

至此,附加在导读文中的译后记也可以结束了。

现在,就请读者自己进入对这部动物政治学经典之作的欣赏与探索之旅吧!

浙江大学人类学研究所赵芊里

(Email:zhaoqianli.zju@foxmail.com)

2021.11

导读参考文献

[1] (USA) Frans De Waal. Chimpanzee Politics. Baltimore: John Hopkins University Press, 2007.

[2] (USA) Frans De Waal. Bonobo: The Forgotten Ape [M]: University of California Press, 1997.

[3] [美] 弗朗斯·德瓦尔. 类人猿与寿司大师. 上海: 上海科学技术出版社, 2005.

[4] (USA) Frans De Waal. Chimpanzee Politics. Newyork: Harper & Row, Publishers, 1982.

[5] [美] 弗朗斯·德瓦尔. 人类的猿性. 上海: 上海科学技术文献出版社, 2007.

Frans de Waal
Chimpanzee Politics
Power and Sex among Apes, 25th Anniversary Edition
© 1982, 1989, 1998, 2007 Frans de Waal
All Rights Reserved.
Published by arrangement with The
John Hopkins University Press, Baltimore, Maryland

图字：09－2008－297 号

图书在版编目(CIP)数据

黑猩猩的政治：猿类社会中的权力与性/（美）弗朗斯·德瓦尔（Frans de Waal）著；赵芊里译. —上海：上海译文出版社，2021.11（2024.2重印）
（译文科学）
书名原文：Chimpanzee Politics：Power and Sex among Apes
ISBN 978－7－5327－8820－0

Ⅰ.①黑… Ⅱ.①弗… ②赵… Ⅲ.①黑猩猩-动物行为-普及读物 Ⅳ.①Q959.848－49

中国版本图书馆 CIP 数据核字(2021)第 167110 号

黑猩猩的政治
——猿类社会中的权力与性
〔美〕弗朗斯·德瓦尔 著 赵芊里 译
责任编辑/刘宇婷 封面插画/刘 昆 装帧设计/柴昊洲

上海译文出版社有限公司出版、发行
网址：www. yiwen. com. cn
201101 上海市闵行区号景路 159 弄 B 座
上海市崇明裕安印刷厂印刷

开本 890×1240 1/32 印张 9.5 插页 10 字数 174,000
2022 年 3 月第 1 版 2024 年 2 月第 5 次印刷
印数：16,001—24,000 册

ISBN 978－7－5327－8820－0/G·232
定价：58.00 元